理系学生が
最低限身につけておきたい

君にもできる!
使える
統計分析

長谷川英祐

Hasegawa Eisuke

PHP研究所

JN033395

まえがき

　私は、「進化生物学」という、動物の行動や生態を解き明かす研究を専門とする理系の学者です。「働かないアリに意義がある」という研究をした人だ、と言った方が、ご存じの方が多いかもしれません。

　理系の学問では、いろいろなデータを取り、それに基づいて「〜のような関係がある」ことを示していくわけですが、自分が発見した現象や特定の法則性などが「実際に存在するのだ」と、他人に理解してもらうためにはどうしたらよいのでしょうか？　自分にはそう見えたとしても他人にはそう見えない──現実によくあることです。

　例えば、昔、私の研究室のゼミで、ある学生が自分の研究対象にした動物の行動について、「その動物は、棲んでいる葉っぱの裏の葉脈に沿ったこのルートを通るのです」と発表しました。私が「それを示すデータと、そうであることを支持する『統計検定』の結果はあるの？」と尋ねたところ、学生はいきり立って、「その動物の気持ちになれば分かるんです！」と、憤懣やるかたない顔で答えました。皆さん、これで納得できますか？　そりゃ、キミはそう思うんだろうけどさぁ、他の人がそう思うとは限らないでしょう？　でも、統計検定がかけてあれば、「間違っている確率は5％より小さい、という確度でそうである」と言えますから、疑い深い私でも、「確かにそうだね」と認めざるを得なくなります。

　科学では「客観性」、つまり「他人である誰かがやっても同じ結果になる」という事実が最も重要なことの1つで、その信頼性を保証するために、「ある関係が本当に存在する」と主張する上で必要な分析手続きが厳密に定められています。それが「統計検定」、つまり「仮説を立て、データを集めてその正誤を客観的に判定する作業」です。資格を取るための「検定」と紛らわしいですが、ある集団の性質やその違いに関する「仮説」を、一定のサンプルから、「間違っている確率が5％より低いという確度（通常 $p < 0.05$ と表記する）」で推定する一連の手法を、統計学では「仮説検定」または単に「検定」と呼びます。また、0.05のこと

を「有意水準」と言い、$p < 0.05$を満たしていれば「本当にあると言ってよい」という科学での「お約束」です。要するに、統計的基準から考えて20回に1回くらいしか間違えないほどなら、「偶然起こったのではなく、本当にあるのだと見なそう」と決めているだけです。有意水準は任意に決められているもので、論理的根拠はありません。しかし、それでずっと科学をやってきて大きな問題は起こっていないので、実用的には十分低い確率だと言えます。

　余談ですが、$p < 0.05$を使う限り、科学で得られた知見に「絶対」はありません。普通の人は「科学で得られた法則は間違いなく成り立つ」と思っているかもしれませんが、数式を用い、統計を使わない理論研究はともかく、観測データに基づいて行う実証研究の1つひとつの実験結果は5％より低い確率で、「偶然起こった」ということを否定できません。ですから、実証科学では「繰り返し検証する」ということが重要になり、アインシュタインの相対性理論ですら、つい数年前にヨーロッパで追試が行われ、予測と反する結果が出たため、「相対性理論は間違い？」と大騒ぎになりました。結局、実験装置の配線に不備があっただけで、相対性理論は否定されなかったのですが。

　さて、統計による検定の例を挙げれば、ある昆虫の集団AとBの平均体長は異なっているということを調べたいとすれば、「ある昆虫の集団AとBの平均体長には違いはない」という仮説を、データを集め、適切な検定法で検定してみます。その結果、「2集団の平均値の間に違いはない」という「帰無仮説」と呼ばれる仮説を$p < 0.05$のレベルで棄却できれば、「2集団の平均値の間には違いはある」という「対立仮説」を採用する、というわけです。

　科学の論文では、データの中に、どんなに「あるパターン」が存在するように見えても、適切な手法で統計検定をかけて、「それが存在する」と主張してよい基準（上記の「$p < 0.05$」のこと）を満たさなかった現象については、その存在を認めません（それでも時折、データのパターンに検定をかけていない論文があるのでびっくりしますが）。ですから、

研究職を目指す人はもちろん、誰かに対して説得力のある提案をする必要がある全ての人は、求める結論へ向け、自分のデータに適切な統計検定をかける能力が要求されるのです。

「こうすれば、確かにこうなる」とプレゼンするためには、同じデータに対し同じ手続きを踏むことで、常に同じ結果が出なければなりません。統計検定がかけてあれば、「間違っている確率は5％より低い」というレベルでそれを保証できます。いわば「疑う相手」を説得するために、統計検定という面倒な方法を使わなければならないのです。

　さて、理系の大学に入ると、一般教育の講義に必ず「統計学」という科目があり、専門の統計学者が講義をします。しかし残念なことに、その講義の単位を取ってから私のラボに来ているはずの学生たちは、自分のデータに対して適切な統計検定をかけることが全くと言っていいほどできません。なぜでしょう。

　それは、統計学の講義では、知りたいことに応じた実用的な検定手法の選び方をほとんど解説しないからです。

　一般的に統計検定では、知りたいこととデータの性質に応じて、データから計算された種々の「統計量」という指標を使うのですが、講義ではその算出に必要な「母集団」「標本集団」「平均値」「分散」などの、数式だらけの頭が痛くなる概念や、「特定の検定手法が、あるデータセットのあいだの差をなぜ$p < 0.05$で検出できるのか」という「統計の原理」の話ばかりして、「どんなデータでどういうことを知りたいときにどの検定手法を使えばいいのか」という実用の話をほとんどしないのです。まぁ、大学で統計学の講義をする先生方は統計学の専門家ですから、これはしかたのないことなのかもしれません。魚類の研究者が寿司の握り方を教えてくれないのと同じです。

　しかし、例えば、わが社の売り上げがだんだん下がっているのはいったいなぜなのか？　を知りたい企業人にとって、こんな原理の理解は不要です。自分のデータをどう処理し、どの検定でどのように分析すればいいかさえ分かれば現状を分析でき、売り上げを減少させている要因を

見いだして、対策を講じられるでしょう。

　話が統計からそれますが、「道具」を使うとき、それがどういう原理で目的を達成できるのかを知っている必要はないでしょう？　例えば自転車でコンビニに行くためには、自転車が走る原理など知らなくてもいいことです。言葉だって、学校でうるさく文法を教育されますが、そんなもの知らなくても、皆さん子どもの頃から日本語を自由に使っていたでしょう。

　統計を「道具」として使う人（私もそうです）にとって、統計の原理なんか実はどうでもよいことです。私なら、「どちらの種類のアリのほうが大きいかを知りたい場合はこの検定を使えばいい」と、自動的に判断できれば十分用が足ります。

　世の中に、統計の考え方や基本的な原理を解説した本はたくさんあります。例えば、数年前『統計学が最強の学問である』（西内啓著、ダイヤモンド社）という本が35万部も売れて評判になりました。統計とはどういうものの考え方か、何が分析できるのか、また統計の会社業務や文系の学問への活用法も示されていて、統計原理の解説書としてはたいへん優れていますが、研究やビジネスの現場にいる人が直面する課題に対してどの検定法を使えばよいかは、この本を読んでもよく分かりません。他にも、統計の考え方をやさしく解説した本はいくつもありますが、皆同様に、目の前のデータにどの検定法を使えばいいかについてはあまり書かれていません。一方で、理系の学生に向けてそのあたりを多少詳しく書いた専門書もありますが、企業人や文系の方々には敷居が高いものになっています。

　前掲書のタイトルにもある通り、統計検定は最強の道具です。適切なデータと検定手法を用いれば、様々なことを「結論が間違っている確率は5％より小さい（$p < 0.05$）」と、客観性をもって主張できます。例えば、
・日本人とアメリカ人のどちらが、平均身長が高いのか？
・ダイレクトメールの送付に、売り上げへの効果はあるのか、ないのか？
・この薬は、ある病気の症状を改善するか、否か？

・わが社の売り上げがだんだん下がっているのは、いったい何が原因なのか？
・本をたくさん読む人は勉強ができるようになるのか？
・朝曇っているとき、傘を持っていった方がいいかどうか？（つまり雨が降るかどうか?)
……など、文系理系を問わず様々な疑問に、95%程度に確実な答えを出せます。

　理系の学生といえども、実用的な検定法の選び方が全然わからないこの「現実！」（彼らの責任だけではないかもしれませんが）。大学教師の仕事は学生に適切な指導を行うことですが、私はこの現実を前に、「まずはこれを読め！　話はそれからだ！」というような、「読めば誰でも自分のデータに適切な統計検定がかけられるようになる本」を書こうと思い立ちました。

　理系研究者志望の学生だけではなく、文系の方や、会社業務で統計を使いたい方でも、読めば頻度主義統計（$p < 0.05$ を基準とした統計）に基づいた様々な検定、回帰分析、一般化線形モデル（GLM）、一般化線形混合モデル（GLMM）などの原因分析（ご心配なく。これらの専門用語も、読みながら理解できるよう努めました）などの統計手法くらいまでは使えるようになる本です。ここまでできれば、研究、会社業務に必要な統計検定はほぼ全てカバーできます。現在、ベイズ統計という新しい原理の統計検定法が現れていますが、まだまだ普及していませんので、この本では $p < 0.05$ に基づく頻度主義検定手法を主に紹介し、ベイズ統計に関してはほんのさわりだけ紹介します。

　この本は、自分の経験（データ）を基に「客観性」をもって周囲を説得したい（または、その必要に迫られる）、全ての人に読んでいただきたい本です。「統計は難しい」と思っている人も、本書を読めば、原理を知らずとも統計を「道具」として使えるようになります。金槌で釘を打つとき、なぜ金槌で釘を打ちこめるのかを理解している必要はないのです。

各章末に、自分の知りたいこととデータの性質によって、どの検定を使えばいいかが分かる「検定法を選ぶための表」を付けてありますので、本文を読むのが面倒くさい人は章末だけ見ていただいてもＯＫです。

　統計に慣れていない方であれば、課題に適した検定法を指定されても、具体的な検定のかけ方が分からないかもしれません。そこでこの本では、フリー統計分析ソフトウェア(実のところは特殊なプログラミング言語)である「Ｒ」と連動させて、各検定の具体的な実行法も解説します。Ｒは本当に便利なソフトで、ベイズ統計を含め、ほとんど全ての統計解析が、簡単なデータ入力とコマンド入力で行えます。また、フリーウェアなので無料でダウンロードできますし、Windowsでも Mac OS でも使えます。

　さぁ、統計検定を使った客観的なプレゼンで自分の可能性を広げましょう。

理系学生が最低限身につけておきたい
君にもできる! 使える統計分析 目次

序章
p＜0.05 の意味
—頻度主義統計とはどんなものか?—

第 0.5 章
R のインストールと基本的な使い方

第 1 章
2 つのグループの
「平均値」が違っているかどうか知りたい!
—2 群の平均値の差の検定—

第2章 1つ以上の要因について測定された、3群以上のデータ群の平均値が「同じではない」といえるかどうかを知りたい！

第3章 2つ（以上）のグループの中の、2つ（以上）の結果の「割合」が違うかどうか知りたい！―比率の検定―

第 **4** 章 ある変数（例えば売り上げ）の変動に 何が効いているか知りたい！ ―相関分析と回帰分析―

第 **5** 章 従属変数が「起きる／起きない」のような 「全てか無か」の二値を取るときの 因果関係の分析

装幀：江口修平　本文デザイン：宇田川由美子

序 章

p＜0.05 の意味
―頻度主義統計とは
どんなものか?―

0-1. 頻度主義統計検定とは何をやっているのか？

　「まえがき」で述べたように、頻度主義統計検定を使うと、「間違う確率が5%より小さい」という確度で、「確かに〜である」と言えます。しかし、統計検定とは、何か難しそうな言葉です。p＜0.05とか出てきても、これが何を意味しているのか分からない人も多いでしょう。ですが、「頻度主義統計」と呼ばれる、このp＜0.05を基準にした統計の考え方は極めて単純なものです。個別の検定法の解説に入る前に、頻度主義統計とは何をやっているのか？ということについて理解できるように簡単に説明しておきましょう。ここだけは、原理の話をすることをお許しください。

　まず、統計検定を行う場合、データから、知りたいことを検定するために必要な何らかの「統計量」というものを計算します。例えば、正規分布に従う2つのデータセットの平均値に違いがあるかどうかを調べるには、「t統計量」というものを計算します（以後データから計算された統計量のことを「t値」のように表記します）。t値は−∞から＋∞までの範囲の値を取りますが、2群の平均値の差が大きいほど「その絶対値が大きく」なり、t値はt分布という分布に従うことが分かっています（図0-1.参照）。分布ですから、それは図0-1bのように面積を持ち、その面積の5%以下の範囲に計算されたt値が入れば、A、B2群の間で、A＞BまたはB＜Aである、あるいはA≠Bである、とp＜0.05で言えるのです（図0-2〜4参照）。また、p＜0.05であったとき、「有意差があった」と言います。

【図0-1：t統計量の計算式とt分布】

a　2サンプルのt統計量の計算式

$$t = \frac{\overline{x}_1 - \overline{x}_2}{s\sqrt{\dfrac{1}{n1} + \dfrac{1}{n2}}}$$

$\overline{x}_1$＝サンプル x_1 の平均値
$\overline{x}_2$＝サンプル x_2 の平均値
$n1$＝サンプル x_1 のサンプル数
$n2$＝サンプル x_2 のサンプル数
s＝データのバラツキを表す指標（計算式省略）

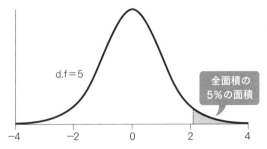

d.f＝5

全面積の
5％の面積

　図0-1aは、2つのデータセットx1，x2があるとき、その平均値の差の検定を行うための「t統計量」を計算する式です。t統計量は2つのグループの平均値、およびそれぞれのグループの中の、平均値回りのデータの散らばり具合（分散や不偏分散、標準偏差などの各種指標があり、それぞれ計算式がある）から、計算することができます。

　−∞〜∞の数字から、ランダムに数字を100個ずつ抜いてきて2つグループを作り、その平均値の差のt値を計算するという作業を無限回やって、そのとき出てきたt値の頻度分布を描いてみると、図0-1bのような分布になります。これを「t分布」と呼んでいて、ある値のt値が「偶然得られる」確率を表した分布だと言うことができます。−∞〜+∞の範囲でのt分布の全体の面積を100とすると、あるt値より大きい（あるいは小さい）値が「偶然得られる」面積が全面積の5％になるt統計量の値を、この分布から求めることができます。もし、実際に測定された2つのグループから計算したt統計量が、その値よりも分布の端の方に位置していたら、「そういう極端なt値が『偶然得られる』確率は5％より小さい」と言うことができるわけです。頻度主義統計では、そういう起こりにくい値が観察されたとき、「偶然そうなった」のではなく、「2つの群に本当に差があったのだ」と判定します。$p < 0.05$とは、このことを表しており、頻度主義統計の基本原則になっています。そして検定したいことの種類によって使う統計量が異なっており、その分布の形も違っています。しかし、やっていることは常に上と同じで、データから、調べたい差を検定するために必要な統計量を計算し、その値がその検定量の分布の面積の5％より外側にあるかどうかを見て、「有意差がある

／ない」を決めているのです。

　例えば、A ≠ B であることを示したいなら、データから統計量を計算し、A ＝ B であることが棄却できるかどうか、つまりデータから計算された統計量が、その統計量分布の5％以下の面積に当たる値を取っているかどうかを調べ、$p < 0.05$ の確率で「A ≠ B」と言っていいかどうかを調べているだけです。このとき「A ＝ B」が帰無仮説で、統計検定の結果、図0-2のような範囲に統計量が入れば、$p < 0.05$ の水準でA ＝ B ではない、すなわち「A ≠ B である」と言えるのです。統計用語では、このことを「帰無仮説が棄却された」と言います。よって対立仮説である「A ≠ B」を採用すべきという結論になるわけです。ですから、$p < 0.05$ の意味は、「そういう統計量が『偶然得られる』確率は5％より小さい」という意味です。だから、「20回に1回以下しか間違っていないのだから本当にそうであると言っていいだろう」と確かに言えるのです。ね、簡単でしょう？

　もう一度言います。全ての頻度主義統計は、調べたいことに差があるかどうかを評価する統計量の値とそれが従う分布を用いて、「帰無仮説が $p < 0.05$ で棄却できるかどうか」を調べているだけです。棄却できれば対立仮説である「A ≠ B である」を採用するという結果になり、「A と B には差がある」という調べたい仮説を検定したことになるのです。もちろん、$p > 0.05$ で帰無仮説が棄却できなければ、「A と B に差があるとは言えない」を採用することになります。ここで注意すべきは、これは「A ＝ B である」と言っているわけではないということです。あくまで「$p < 0.05$ の水準で差があるとは言えない」ということなので、「差がない」と言い切ることはできないのです。なぜなら、そのような極端な統計量が「偶然得られる」確率も $p < 0.05$ の値で存在するからです。ですから、「A ＝ B である」、と言い切ることはできないのです。

　また、対立仮説がA ＞ B や A ＜ B である場合と、A ≠ B である場合には、調べるべきt分布のt値が異なります。図0-2、図0-3にあるように、A ＞ B または A ＜ Bかどうか調べたいときには、得られたt値を分布の片側の5％点の値と比べます。得られたt値がそれより外側なら帰無仮説を棄却し、A ＞ B や A ＜ Bを採用します（図0-2：片側検定）。対立仮説がA ≠ B の場合は、得られたt値が、t分布の両側の2.5％点より外側かどうか調べます。もしそ

うなら帰無仮説を棄却し、A≠Bを採用します（図0-3：両側検定）。ちょっと難しいかな？　まぁ、よく考えてみてください。

【図0-2：A＞B、またはA＜Bと言うための検定（片側検定）】

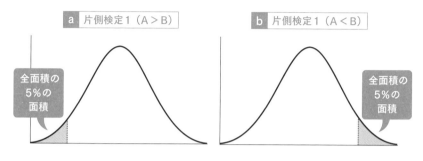

【図0-3：A≠Bと言うための検定（両側検定）】

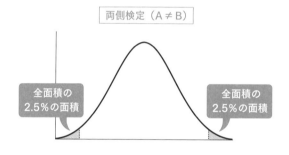

0-
2.　統計量の意味

　調べたいデータの性質、例えば平均値の差、起こる確率の差、Xが変化するときYがどのように変化するかなどによって、調べるべき統計量は違っており、それらが従う分布も違います。また分布の種類によっては、データの数によって分布の形そのものが変わります。分布の形を決めている数のことを「自由度（degree of freedom＝d.f.）」と言い、これはデータのサンプル数から計算できます。どうやって計算するかは検定法によって変わりますので、ここでは説明しませんが、ご心配なく。統計ソフトを使うと勝手に計算して

くれるので、知る必要もありません。例えば、2群で物事が起こる割合が違うかどうかを検定する χ^2（カイ二乗）検定では、使用する χ^2 分布の形が自由度により変わる分布（図0-4）なので、データの数による自由度を適切に知ることができないと正しい検定をかけることができない、ということになります。もちろん、計算式は各検定法ごとに用意されているのですが、今は、データを入力すれば統計ソフトが勝手に計算してくれるので、知っている必要もありません。

【図 0-4：自由度による χ^2 分布の形の違い】

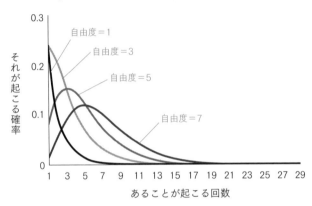

しかし、どんなことを検定したい場合でも、適切な統計量の分布の上で、使うべき統計量の値が、その統計量の分布の5%以下の面積のエリアにあるかどうかで判定していることに変わりはありません。ですから、図0-1〜3を思い浮かべれば、どんな頻度主義統計検定でも、何をやっているのかは理解できるはずです。

　極端な話、頻度主義統計の原理についてはこの程度のことを知っていればよく、今の時代、t統計量や χ^2 統計量の計算式を全然知らなくても、統計検定を行う上では何の問題もありません（私も覚えていません）。私が大学院生だった頃は、国産パソコンは出始めたばかりで、Excelのような表計算ソフトもないくらいだったので、統計量を電卓などで計算する必要がありました。そのためには統計量の計算式が分からないと検定をかけることができなかったので知る必要があったのです。しかし、今必要なのは「まえがき」で

も述べた通り、「どういうことを調べたいときに、どの検定法を使えばよいのか」を適切に判断することだけです。なぜなら今では、そういう面倒くさい計算は、データさえ与えれば、全て統計解析ソフトウェアがやってくれるからです。今でも統計学の教科書には各種統計量の計算法が載っていますが、ＩＴ社会の現代、それを知ることはもはや、統計により深く興味がある人のための「趣味の領域」です。

上記のように、頻度主義統計検定の原理はすごく簡単です。しかし、なぜ上記の処理で、確実に「$p < 0.05$で有意差がある」と言えるかを考える上で、注意しなければならない点があります。それは「データの中のサンプルが適切に取られているか」という点です。1つ、例を出してみましょう。「アメリカ人の成人男性と日本人の成人男性の平均身長はどちらが高いか」という問題を考えます。まぁ、常識的に考えてアメリカ人男性の方がきっと高いでしょう。ですから、両国男性全員の身長を順番に並べてみると図0-5のようになると予想されます。

【図 0-5：アメリカ人の成人男性と日本人の成人男性の身長の関係】

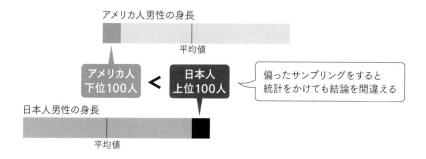

このとき、図にあるように、アメリカ人の背の低い方から100人、日本人の背の高い方から100人をサンプルとして検定したらどうなるでしょう。どんなに適切な検定法を使っても、「$p < 0.05$で、日本人男性の平均身長＞ア

メリカ人男性の平均身長」という結果になるでしょう。これでは正しい結果にはなりません。間違った結果になるのは、検定に用いたデータが、調べたいことの本当の分布の特徴から偏っているからです。では、正しい結果を出すためのサンプリングとはどのようなものでしょうか？　それは、どちらのグループからも図0-6のようにサンプルを取ることです。

【図0-6：正しいサンプリングの仕方（ランダムサンプリング）】

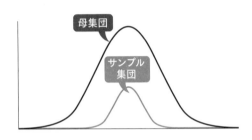

　要するに、全集団（母集団と言います）から、サンプル集団（標本集団と言います）を抜き出すとき、サンプル集団が母集団の持つ分布の特徴を表すようにサンプルされていなければ、検定で$p < 0.05$になっても正しい結果とは言えないかもしれないのです。通常は、サンプルすべき集団から無作為にサンプルを取れば、図0-6のように、母集団と同じ分布を持つ標本集団を取ることができます。このようにサンプルしたアメリカ人男性と日本人男性の標本集団を比べれば、正しい結果（$p < 0.05$でアメリカ人男性の平均身長の方が高い）が導けるでしょう。せっかく統計検定を使っても、サンプリングの仕方が適切でないと、簡単に間違った結論を出してしまいます。あるいは、自分に都合のいい結論を導けます。ですから、統計をかける前のサンプリング方法が適切かどうかはいつも注意しておいてください。

0-4. 統計検定の2つの間違い

　序章の最後に、統計が犯す2つの間違いと、$p < 0.05$という基準の関係について述べておきます。

統計検定が犯す可能性のある間違いが2つあります。それは次のようなものです。

1. 本当は関係が「ない」のに「ある」と判定してしまう間違い（第1種の過誤）
2. 本当は関係が「ある」のに「ない」と判定してしまう間違い（第2種の過誤）

　このような間違いがなぜ起こってしまうのでしょうか。それは、頻度主義統計が$p < 0.05$という基準（有意水準）に基づいて判定しているからです。$p < 0.05$であるような統計量が「偶然得られる」ことも、5％より小さい確率で起こります。これが起こったときは、本当は「ない」のに「ある」と言ってしまうので、第1種の過誤が起こります。ならば、p値をもっと小さく取れば、第1種の過誤は起こりにくくなるはずですが、どうしてそうしないのか？　それには理由があります。

　私の学問の専門分野は生態学ですが、生態学がよく扱う野外データでは、AとBの間に本当は特定の関係があっても、天候、気温、降雨量などの様々な自然条件が「ノイズ」として、観察データをその関係の正しい予測値からずらすように働きます。こういう「汚いデータ」から関係を検出しようとするとき、$p < 0.05$より低い有意水準を使うと、本当は関係が「ある」のに「ない」と言ってしまう、第2種の過誤が起こりやすくなります。だから、有意水準を低く取り過ぎるとまた問題が起こるのです。

　前にも言いましたが、$p < 0.05$という有意水準は人間が恣意的に決めたもので、論理的根拠はありません。しかし、何百年もこれで科学をやってきて大きな間違いは起こっていないので、$p < 0.05$が実用的に問題のない値であることは確かです。

0-5. なぜ原理を知る必要がないのか？

　原理の話をしてきて何ですが、昔は、図0-1aのt統計量の計算式のような、各種統計量の計算式を覚えたり、必要なときには調べられるように、統計学の本を用意しておいたりしたものです。なぜなら、パソコンすら満足に使え

なかった頃には、電卓（！）を使って統計量を計算し、検定をかけていたので、計算式を知らないと検定がかけられなかったからです。

　しかし今では、この本の中で使うＲというフリーウェアや、SAS、JMPといった有償の統計解析ソフトがたくさんあります。これらのソフトウェアに使用するデータを読み込ませ、使いたい検定法を選んで実行させれば、ほとんど瞬時に統計量や自由度、使う分布のどの位置にあるかから得られるp値を計算し、検定の結果を出力してくれます。私たちは結果のp値を見て、有意差があったかどうかを判定すればそれで済みます。現在、統計学者以外にとって、統計検定は「差があるかどうか」を知るための「道具」に過ぎません。現在の私たちに必要なのは、どういうことを調べたいときに、どの検定法を使えばいいのかという情報であり、Ｒ等でそれを実行するにはどうしたらいいかが分かっていればよいのです。

　統計分析を用いた検定結果は、頻度主義の場合、$p < 0.05$であったなら、「データ群間に観察された関係が、偶然得られたものである確率は5％より小さい」ということを保証しているわけですから、理系の研究のみならず、会社業務や文系のデータにも当然使えます。そして、上記の基準で、特定のことが「ある（あるいはあるとは言えない）」と客観的に言えるのです。例えば、会社業務で企画書を書くときに、この本で紹介するような統計検定をあらかじめ予備データにかけてプレゼンすれば、「うまくいく確率はこのくらい」という根拠を$p < 0.05$で保証できます。あなたが上司だとしたら、そういう裏付けのある企画書と、ただ「うまくいくと思います」と言っているだけの企画書のどちらを採用しようと思いますか？

　しかし、特に文系の方は、そもそも数学が苦手なので文系に進んだという方も多いでしょうから、統計量やデータ属性（データが持っている分布や、バラツキの程度などの性質のこと）の計算式など、見るのもイヤなのではないですか（私も実はそうです）？　また、今はインターネットの時代ですから、例えば、2群の平均値の差の検定にはt検定を用いる、ということが分かりさえすれば「Ｒ　t検定」でググれば、Ｒでどのようにt検定をかけるのかについての日本語の解説ページがいくらでも出てきます。しかし、ほとんどの人が「自分のデータから知りたいことを検定するために、どの検定法を使えばよいのか」にたどり着けません。たどり着けないのでは、サイト主が

丹精込めて書いた多くの解説ページも役に立ちません。つまり、知りたいことが何かが決まっているときに適切な検定法にたどり着くための「まとめサイト」が必要なのです。この本は、その「まとめサイト」を提供することを目指して書きました。

　私の所属する北海道大学でも、学生は全学教育（昔の教養課程）で「統計学」の講義の単位を取ってからラボに来ますが、全くと言っていいほど自分のデータを分析するのに必要な検定法を選べません。講義で統計の原理の話ばかりするからです。もちろん、t統計量を使うとなぜ2群の平均値の差がp<0.05のレベルで違うと言えるのかを知っていた方が、より良いでしょう。しかし、統計分析を道具として使いたいだけの学者・一般人にとって、知りたい内容に対して適切な検定法が選べ、検定を実行できればそれで用は足ります。この本では、知りたいことのケースごとに、どの検定法を用いれば良いかが分かるように書いてあり、検定法の選択のためのマニュアルになっています。さらに、フリーウェアRを用いて、選んだ検定を実行するためのコマンド例とその結果を示し、解釈を説明しています。したがって、この本を見れば、たいていの問題について適切な統計検定法を選べ、統計分析ができるようになるはずです。

　検定の実行についてはフリーウェアRを用いて、使ったことのない人でも分かりやすい、できるだけシンプルなコードの記述法で説明します。また、RはMac版とWindows版で所々操作方法が違うので、どちらのマシンでも解析ができるようにしてあります。この本さえ見れば、ズブの素人でも適切な検定がかけられるように心がけました。そういう姿勢を嫌い、「原理が分からず使うとはブラックボックスではないか」と言う人がいるのも知っていますが、現在私たちが用いている「道具」で、ブラックボックスでないものなどどれだけあるのでしょうか？　例えば、この原稿を書いているパソコン、Mac Pro 6coresがどういう原理で動いているかなど、私は全然知りません。パソコンで許されることがなぜ統計分析ではダメなのか？　私には理解不能です。

　また、あまたある類書と違うところは、「原理」の話をできるだけ省き、実用上のマニュアルに徹していることです。この本の企画の初期に関わっていただいた編集者（もちろん文系出身）の方は、私が書いた原稿を見て、「思

考の流れがつかめないので理解できない」と言い、自分で類書を調べて、あ
る検定について「こういうことだからこの分布を用い、こうすればいいので
すよね？」と言ってきました。その態度は本当に立派だと思いましたが、誠
に残念なことに、その人が選んできた検定法は、その問題を分析するために
は不適切なものでした。私も類書はいくつか見ていますが、実用的な見地か
ら見て使い物になる本はほとんどありません。私がこの本を書こうと思った
最大の動機も、ラボに来る学生に毎年、この本に書かれているような話を繰
り返すのに疲れたので「まずこの本を読め！　話はそれからだ」としたかっ
たからです（笑）。

　さて、頻度主義統計検定の原理と本書の内容についての話はこれくらいに
して、いよいよ、この本の目的である、実際に、「どういうことを知りたい
ときに、どの検定手法を、どうやって使えばよいか」の話に入りましょう。
でもその前に、検定手法の実行に使うフリーウェアＲのインストール法、使
用法などについて次章で少しだけ説明しておきます。

第 0.5 章

Rのインストールと

基本的な使い方

0.5-1. R とは何か

「本を読む前にRを自分のコンピュータにインストールしておいてね」と言ってもよいのですが、この本の趣旨からして、それではあまりにも不親切なので、最低限の説明をしておきます。

　Rとは、「自由なソフトウェアであり、『完全に無保証』」（と、立ち上げたときの最初に出る。図0.5-1）で、主に統計分析に用いられるフリーウェアです。本当は統計分析用のソフトウェアではなく、一種のプログラミング言語であり、あらかじめプログラムされたいくつかの統計検定法を、関数として呼び出すことができ、例えば、Mann-WhitneyのU検定なら、2群のデータをx、yという名前の変数に格納しておき、wilcox.test（x,y）という書式でwilcox.test関数を実行すると、Mann-WhitneyのU検定をかけた結果を出力してくれます。

0.5-2. R のダウンロードと起動、コマンドの入力

　自分のコンピュータにダウンロードするには次のURLに行き（https://cran.r-project.org/　Rの総本山で「CRAN」と呼ばれています）、自分の使っているシステムに適合するバージョンをダウンロードして所定のディレクトリにインストールすれば準備完了です。2019年11月15日現在、Windows版、Mac（OSX）版、Linux版があるようです。

　起動すると、以下のような、「Rコンソール」と呼ばれる作業画面が開き、初期メッセージが表示されます（これはMac（OSX）版のR（ver.3.5.2）です。ちゃんと「Rは、自由なソフトウェアであり、「完全に無保証」です。」とありますね）。

【図 0.5-1：R [Mac (OSX)] 版 (ver.3.5.2) を立ち上げたときの初期画面】

　一番下左、＞の後に｜型のプロンプトが点滅しますが、コマンドを打ち込む場合、ここに打ち込みます。Rはフリーウェアだけあってユーザーインターフェイスが不親切で、コマンド中に「大文字小文字の間違い」「綴り間違い」「『"』が『"』になっている」などがあるとエラーメッセージを表示して、＞｜プロンプトが再び左下に出て待機状態になります。できれば、使うコマンドはテキストエディタ上に間違いのないように打ち込んでから、それをコピぺで＞｜の後に貼り、returnするのがよいと思います（しかし「"」は、コピぺで保存しても「"」に変換されてしまうことがあるので、コマンドとして貼ったときに間違いがないかよく確認すること）。コマンド自身には＞を含まないように作り、貼り付けてreturnすると、全てのコマンドの先頭に＞が付いた形で、どの行が実行されたか分かるようになります。この本では、一部の例外を除いて実行後の＞付きの形でコマンドを表示しますから、それをそのまま使いたい人は、＞｜プロンプトの後に貼ってから、青字で表示される＞を全て消してからreturnしてください。青字＞が付いたままreturnすると、エラーが出て待機状態に戻ってしまいます。この本に書かれているコマンドはMacとWindowsの両方で動作確認をしてありますが、その環境は、Macでは機体はMac Pro 6cores、Mac OSX Mojave, ver.10.14.5 の下でのR（ver.3.5.2）で（ベイズ統計だけMac Air, OSX Sierra, ver10.12.4.）、WindowsはWindows10のノートパソコンで、R（ver.6.3.1）で確認しています。

0.5-3. 作業ディレクトリの変更

作業を始める前に、Rの作業ディレクトリを変更しておく必要があります。Rは自分が今いるディレクトリにあるファイルしか読み込めないので、使用するデータファイルのあるディレクトリに作業ディレクトリを移します。Mac版では、「その他」メニュー、Windows版では、「ファイル」メニュー内に「作業ディレクトリの変更」メニューがありますから、それを選んで、自分が使いたいファイルを置いてあるディレクトリに作業ディレクトリを移します。これで、Rを使う準備ができました。

0.5-4. データの読み込みと検定の実行

Rに使用するデータを読み込ませるにはいくつかの方法がありますが、Excelで次のような表を作っておいて、Rの作業ディレクトリに、csv形式のファイルとしてファイル名を付けて保存しておくと、後で簡単にデータを読み込めます。第1行には、各列のデータが何かを表す名前を入れておきます。これがないと、後でデータを呼ぶ事ができないので、必ず付けてください。この"見出し"には日本語も使えます。

【図0.5-2:Rで使うデータの書式の一例 (2群の平均値の差の検定に使うためのデータ例)】

Group1	Group2
1	2
2	1
4	3
5	3
5	3
5	2
6	4
5	3
4	1
3	2

csvファイルの読み込ませ方にもいくつかのやり方があるのですが、この本では一貫して、

```
data<-read.csv(file.choose(), fileEncoding="CP932")
```

POINT ココに入力

というコマンドを使います。これを実行すると、ウィンドウが開き、作業ディレクトリに入っているcsvファイルの一覧が表示されるので、使うファイルを選択し、［開く］ボタンを押すと、dataという名前の変数に、データセットが格納されます（変数名はRが使用禁止にしている記号以外は何でも使えるので、自分のお好きなように付けてください。でもあまり長いと後で呼び出すとき面倒だし、間違えることも増えますよ）。

　この本で使う例題のデータの入ったcsvファイル、および使用したコマンドの全てが、出版社のHPのサイト（http://www.peg.co.jp/wp-content/themes/peg/zips/pegcsvfile20200120.zip）に置いてあるので、自由にダウンロードして使ってください。図0.5-2.のデータが入った、1-1.2群の平均値の差.csvファイルを選んで読み込み、内容を表示させてみます。print（data）と入力しreturnすると、csvファイルの内容が表の形で読み込まれていることが表示されます。このようなR内にあるデータセットの表を「データフレーム」と呼んでいます。

【図0.5-3：読み込んだデータフレームを表示させた画面】

```
> print(data)
   Group1 Group2
1       1      2
2       2      1
3       4      3
4       5      3
5       5      3
6       5      2
7       6      4
8       5      3
9       4      1
10      3      2
>
```

　検定をかけるとき、必要なデータ列をデータフレームから直接呼ぶコマン

ドもあるのですが、初心者は、データフレームから、使うデータ群を別名の
変数に格納しておくと間違いにくいと思いますので、本書では一貫してその
方法を使います。「Rの達人」になりたい方は、ネット上でいろいろ調べれば、
もっと便利なコマンドがありますので、勉強してみてください。
　試しにデータフレーム内のGroup1データをG1に、Group2データをG2
に格納してみます。

```
G1<-(data$Group1) ⏎
G2<-(data$Group2) ⏎
```

と入力してreturnすると、表示が、

```
>G1<-(data$Group1) ⏎
>G2<-(data$Group2) ⏎
>|
```

となり、最後の＞の後の | が点滅する待機状態になります。今後、ほとん
どのコマンドはこの実行後の＞付きの形で示しますので、実際に打ち込むと
きは＞を取った形で打ち込んでください。＞付きのまま入れると「エラー：
予想外の '＞' です in "＞"」というメッセージが出て待機状態になってしま
います。
　データが格納されたかどうかを確認するには、

```
> print(G1) ⏎
 [1] 1 2 4 5 5 5 6 5 4 3
> print(G2) ⏎
 [1] 2 1 3 3 3 2 4 3 1 2
```

と、確認することができます。Rは「完全に無保証」なので、正しくコマ
ンドを書いたつもりでも、なぜかデータが格納されないことがあります。そ
ういう場合は、

```
>print(G1)
Null
```

と出ます。コマンドをチェックしてやり直してもダメな場合は、
G1 <- c（1, 2, 4, 5, 5, 5, 6, 5, 4, 3）とすると格納できます。同じ名前だと確
認が面倒なので、ここではG3 <- c（1,2,4,5,5,5,6,5,4,3）としてreturnし、
print（G3）で表示させてみます。

```
> G3<- c(1,2,4,5,5,5,6,5,4,3)
> print(G3)
 [1] 1 2 4 5 5 5 6 5 4 3
```

ね、入ったでしょ？
　あとは、これらの変数を使って、分析や検定をやるだけです。第1章で詳
しく説明しますが、このデータの各データ列の平均値に差があるかどうか検
定するために適切な方法はStudentのt検定なので、実際に検定をかけてみ
ます。

```
> t.test(G1,G2, var.equal=T)
     Two Sample t-test
data:  G1 and G2
t = 2.753, df = 18, p-value = 0.01309
alternative hypothesis: true difference in means is not
equal to 0
95 percent confidence interval:
 0.3789724 2.8210276
sample estimates:
mean of x mean of y
      4.0       2.4
```

このようになり、検定結果の3行目にあるp値 = 0.01309 < 0.05なので、

この2群の平均値には「有意（p＜0.05という意味）な差がある」と言っていいことになります。使うべき検定法さえ分かれば、実行は実に簡単ですね。

0.5-5. パッケージのインストールと呼び出し

　Rには多くの検定がデフォルトとして内蔵されていますが、カバーしていない方法もたくさんあります。しかし、Rは「完全に自由」なソフトなので、世界中の多くの「統計に詳しくR原語でプログラムを組める人」が、特定の検定をかけるための「パッケージ」と総称されるR原語で書いたプログラムを作っており、それがCRANおよび、そのミラーサイトに置いてあります。使いたい人は名前を調べて、置いてあるサイトからパッケージをR内にインストールしておき、使うときに呼び出して使うことができます。他にも、特定の個人が、特定の検定を実行するための関数を定義したプログラムをHPなどに公開していますから、それをダウンロード（たいてい、HPの画面からコピペで、テキストエディタやRの作業画面に貼れます）して使うこともできます。

　パッケージを使うには、Mac版なら「パッケージとデータ」メニュー内にある「パッケージインストーラ」メニューを選び、開いた画面（図0.5-4参照）で、右上の検索ボックスにインストールしたいパッケージ名を入れると、そのミラーサイトにあれば下のパッケージ表示欄にその綴りを含むパッケージの、どのver.の物があるか表示されるので、必要な物を選択して左下の「インストールする場所（普通は（システム（Rフレームワーク内）））からインストール先を選び、「選択をインストール」ボタンを押せば、自動的にダウンロードされて、選択したインストール先にインストールされます。パッケージによっては、作動に他のパッケージを必要とする物があるので、「選択をインストール」ボタンの下の「依存パッケージも含める」にチェックを入れておくと、必要な他のパッケージも全てインストールしてくれます。

【図 0.5-4：Mac 版（ver. 3.5.2）の「R パッケージインストーラ」の画面】

Mac版（ver. 3.5.2）の「パッケージとデータ」→「パッケージインストーラ」で開いた「Rパッケージインストーラ」の画面（ここでは、rstan（ver.2.19.20）というパッケージをCRANのリポジトリから、依存パッケージも含めてインストールしようとしている）

　Windows版では「パッケージ」メニューから「CRANミラーサイトの選択」メニューを選び、使うミラーサイト（図0.5-5参照）を選びます。自分のコンピュータの設置場所に近い方が、ダウンロードが速いので、右の選択ボックスから下の方にあるJapan（Tokyo）[https]（東京の統計数理研究所のサイト）を選ぶとよいと思います。

【図 0.5-5：Windows 版 R（ver.3.5.3.）の「CRAN のミラーサイトの選択」画面】

Windows版R（ver.3.5.3.）の「パッケージ」→「CRANのミラーサイトの選択」画面

その後、「パッケージ」→「パッケージのインストール」を選ぶと、図0.5-6のように、右側にそのサイトにあるパッケージの一覧が出るので、それから必要なパッケージを選んでインストールします。ない場合は、他のミラーサイトで探します。

【図0.5-6：Windows版（ver. 3.5.3）でミラーサイトを選んだ後の画面】

Windows版（ver. 3.5.3）でパッケージをインストールするミラーサイトを選んだ後の画面。右端にそこにあるパッケージの一覧が表示される

　Windows版では、パッケージ名での検索や、依存パッケージの同時インストールができないので、探すのにちょっと手間がかかります。依存パッケージは、インストールしたパッケージをRコンソール内でlibrary（パッケージ名）で呼ぶと、「パッケージ〜がありません」と言ってくるので、その都度それをインストールして、何も言ってこなくなるまで続ければ全ての依存パッケージがインストールされて使えるようになります（面倒くさいですね）。Linux版は、私にはわからないので自分で調べてください。

　古いパッケージだと、総本山のCRANサイトからはすでにはずされているものもあるので、まだ置いてあるどこかのミラーサイトからインストールする必要があります。筆者は東京の統計数理研究所にあるミラーサイトJapan（Tokyo）[https]（https://cran.ism.ac.jo/）を指定して、そこからインストールすることが多いです。遠い場所からインストールすると時間がかかるので、日本の方なら日本に2カ所あるミラーサイトを指定するとよいでしょう。

インストールしたパッケージは、使う前にあらかじめ呼び出しておかなければなりません。例えば、インストールしておいたexactRankTestsというパッケージを使いたければ、Rコンソールの最後の＞|の後に、

```
library(exactRankTests)
```

というコマンドを書き込み、returnしておく必要があります。一度Rをシャットダウンすると呼び出しは無効になるので、再度立ち上げて使用する場合、もう一度呼び出しておく必要があります。どんなことをするパッケージがあるのかは、調べなければなりませんが、よく使うようなものは、この本の以降の章で紹介していきます。パッケージの総数は膨大なものですが、「R GLM ゼロ過剰モデル パッケージ」のように、知りたい検索ワードを入れてググれば、たいていのものは日本語の説明ページがあります。

　上記のexactRankTestsパッケージは、Mann-WhitneyのU検定のように、2群の数値データを通算して順位に直し、両群の順位の和の差から統計量を計算し、2群の間に差があるかどうかを検定する方法で、同順位の数値データがあるときに、それを補正し正確なp値を計算してくれるパッケージです。第1章で紹介しますが、普通のMann-WhitneyのU検定を実行すると、「同順位があるため、正確なp値を計算できません」という警告メッセージが出ることがあり、そういうときはexactRankTestsをインストールし呼び出しておいて、パッケージ内にあるwilcox.exact（）関数を使うと、同順位の補正をした正確なp値が得られます。

　さぁ、準備はできましたので、本論に進むことにしましょう。

第 **1** 章

2つのグループの「平均値」が
違っているかどうか知りたい！
―2群の平均値の差の検定―

平均値の差を検定する方法

2つのグループで、大きさや重さの平均値が違っているかどうか知りたい、という場合があります。例えば、ある果物を作るとき、2つの方法で育てたときに、どちらの方が果実が大きくなるか、重くなるか、甘くなるかなどを比べたい場合です。こういう場合に使う検定法は決まっていて、t検定または Mann-Whitney のU検定と呼ばれるものです。どちらを使うかは、データの性質を調べて決めます。正しい検定法を選ばないと、本当は関係が「ない」のに「ある」と判定してしまう間違い（第1種の過誤）、本当は関係が「ある」のに「ない」と判定しまう間違い（第2種の過誤）の危険性が高まるので、適切な方法を使うべきです。

データが正規分布するかどうかを
まず調べる

1-1.2群の差.csvファイルに、10個のサンプルについて2つのグループ（Group1とGroup2）について連続的に変化するある性質（大きさや重さと考えてください）のデータが入っています。この2群の間に平均値の差があるかどうか、Rを使って検定をかけてみましょう。

まず、最初にやることは、それぞれのグループのデータ分布が正規分布と呼ばれる分布から有意にはずれているかどうかを調べることです。正規分布とは図1-1のような釣り鐘型の分布です。

【図1-1：正規分布の例】

どういう分布なのかは数学的な定義がありますが、ここではそれを知る必要はありません。知りたい方は統計学の専門書を見てください。

さて、各グループのデータが正規分布からp＜0.05で有意にずれているかどうかをRで調べるには、以下のコマンドを使います。ファイル1-1.2群の平均値（正規分布）.csvを読み込んだ後、これを＞｜の後に貼り付けreturnすれば、G1、G2にGroup1、Group2のデータが格納されます。

```
data<-read.csv(file.choose(), fileEncoding="CP932")
G1<-(data$Group1)
G2<-(data$Group2)
```

Rに慣れていない人もいるでしょうから、使い方とコマンドの意味をもう一度簡単に説明します。Rを立ち上げて、作業するディレクトリをファイルが置いてあるディレクトリに移します。トップのメニューバーに並んでいるメニューの中で、Windowsでは「ファイルメニュー」に、Macでは「その他」メニューの中に「作業ディレクトリの変更」がありますから、それを選んで、ファイルが置いてあるディレクトリに作業ディレクトリを移します。Rは、指定した作業ディレクトリにあるファイルしか開くことができないので、これは必ずやらなければなりません。そして、Rで使うデータはExcel等から、ファイル形式をcsvにして保存しておきます。

上のコマンド列の1行目は、作業ディレクトリに保存してあるファイル1-1.2群の平均値（正規分布）.csvをdataという名前の変数に格納するコマンドです。実行するとウィンドウが開き、作業ディレクトリ内にあるcsvファイルが表示されるので、使うファイルを選んで「開く」ボタンを押すと読み込んでくれます。ちゃんと入っているかどうかを確認するには、print（data）と入力すると、

```
> print(data)
   Group1 Group2
1      1      2
2      2      1
3      4      3
4      5      3
5      5      3
6      5      2
7      6      4
8      5      3
9      4      1
10     3      2
```

と出て、ちゃんと変数dataに、選んだファイルの内容が格納されている
ことが確認できます。こういう行列形式で格納されているデータを、Rでは
「データフレーム」と呼びます。各グループのデータに統計をかけるとき、デー
タフレームから使う変数を、コマンドで直接呼び出す方法もあるのですが、
初心者はデータフレームから各列のデータを別の変数に置き換えて使う方法
の方が間違いにくいので、ここではそうします。データフレームから直接呼
ぶ方法が知りたい方は、ネットなどで調べてください。

　2つのデータの平均値と平均値回りのデータのバラツキの度合い（＝分散）
を調べておきます。Rでは、mean（）関数で平均値、var（）関数で分散を
求められます。実行結果を下記に記します。

```
> mean(G1)
[1] 4.0
> mean(G2)
[1] 2.4
> var(G1)
[1] 2.444444
> var(G2)
[1] 0.9333333
```

　平均値、分散ともにG2の方が小さいことが分かります。しかし、これだ
けでは統計的に平均値が違うと言えるのかは分かりません。なぜなら、これ

は母集団からサンプリングしたサンプル集団の平均値で、母集団の平均値がどの範囲にあるかは、分散の値とサンプル数込みで推定せねばならず、推定値は「その範囲からはずれている確率は5％より低い」という形でしか推定できません（「95％信頼区間」、または「95％信頼限界」と言います）。2群の平均値の差の検定とは、言い換えれば、2つのグループの平均値の95％信頼区間が重なるか重ならないかを調べている、と言うことにもなります。重なれば、2つの平均値が異ならないという可能性が5％以上あるので、5％レベルで有意に違うと言うことはできないというわけです。

さて、検定を実行するための上記コマンドは、各行が次のようなことを表しています。1行目は、データを同じディレクトリにあるcsvファイルから使うファイルを選択してデータフレームとして取り込むためのコマンド。2行目、3行目のコマンドが読み込んだ各列のデータを別の名前の変数に格納するためのコマンドで、Group1のデータをG1に、Group2のデータをG2に格納しています。print（G1）、print（G2）を使えば、ちゃんと読み込んでいるかどうか確認できます。

G1、G2が正規分布しているかどうかの検定を行うためのコマンドは次のようです。

```
shapiro.test(G1) 🖙
shapiro.test(G2) 🖙
```

shapiro.test（）はカッコ内のデータに対してShapiro-Wilk検定という、データの正規性をチェックする検定をかけてくれる、Rに内蔵された関数です。これらのコマンドは1行ごとに実行する必要はないので、全ての行をテキストエディタに書き、Rのコンソールウィンドウ内の一番下にある、＞｜プロンプトの後にコピペで貼り、returnし、データを読み込むと、以下のように結果が出ます。Rは実行済みのコマンドの先頭に＞を付けるので、これは実行後の画面コピーと考えてください。実際には、結果にところどころ空の行が入りますが、スペースの都合上、空行は詰めてあります。

```
> shapiro.test(G1) 🖙
```

```
      Shapiro-Wilk normality test
data:  G1
W = 0.89893, p-value = 0.2132
> shapiro.test(G2)
      Shapiro-Wilk normality test
data:  G2
W = 0.90444, p-value = 0.2449
```

　G1、G2とも、最後のp-value > 0.05ですから、この2組のデータは、いずれも正規分布から有意にずれているとは言えないという結果です。ですから、使うべき検定は、両群ともにデータが正規分布する場合に使うt検定です。

1-3. 2組のデータの分散が同じかどうか調べる

　両方のデータが正規分布していても、両者の平均値回りの「バラツキの度合い＝分散」が異なるかどうかで、いくつかの種類があるt検定のうち、どのt検定を使うかが決まります。2組のデータ間で分散が違うかどうかをRで調べるには、var.test（）関数を使います。
　コマンドと実行結果を示します。

```
> var.test(G1,G2)
      F test to compare two variances
data:  G1 and G2
F = 2.619, num df = 9, denom df = 9, p-value = 0.1677
alternative hypothesis: true ratio of variances is not
equal to 1
95 percent confidence interval:
  0.6505344 10.5442704
sample estimates:
ratio of variances
```

```
2.619048
```

　p値＝0.1677 > 0.05なので、2組のデータの分散は有意には異ならない、という結果です。したがって使うべきはStudentのt検定（あるいは単に2標本のt検定とも言います）、ということになります。分散が異なる場合にはWelchのt検定を使うことになります。

1-4. t検定の実行

　Studentのt検定の実行は次のようにします。

```
> t.test(G1, G2, var.equal=T)
      Two Sample t-test
data:  G1 and G2
t = 2.753, df = 18, p-value = 0.01309
alternative hypothesis: true difference in means is not
equal to 0
95 percent confidence interval:
 0.3789724 2.8210276
sample estimates:
mean of x mean of y
      4.0       2.4
```

　分散に差がないので、コマンドの最後にあるvar.equal＝の値をT（＝True: 正しい）にします。これでStudentのt検定をかけてくれます。p値＝0.01309 < 0.05なので、2組のデータの平均値にはp＝0.05のレベルで有意な差があると言えることになります。

　もし、2組のデータの分散が異なっていた場合には、var.equal＝F（False: 正しくない）とすれば、Welchのt検定をかけてくれます。

　試しに、このデータに対してかけてみると、

```
> t.test(G1, G2, var.equal=F)

      Welch Two Sample t-test
data:  G1 and G2
t = 2.753, df = 14.998, p-value = 0.0148
alternative hypothesis: true difference in means is not
equal to 0
95 percent confidence interval:
 0.3612178 2.8387822
sample estimates:
mean of x mean of y
      4.0       2.4
```

　このようになり、ちゃんと有意になりますが、この例の場合には、実際には2組のデータの分散は異ならないのでStudentのt検定を使うべきです。事実、Welchのt検定を使ったときのp値が、ほんの少しですが大きくなっています（0.01309＜0.0148）。この例ではどちらを使っても結論は変わりませんが、正規分布する2組のデータの分散が有意に異ならないときにWelchのt検定を使うと、若干p値が大きくなるので、Studentのt検定では有意になるのに、Welchのt検定では有意にならないデータがあり得ます。つまり、データの分散が異ならないときにWelchのt検定を使うと「本当は差が『ある』のに『ない』と判定してしまう」危険性が高まるのです（これを「検出力が下がる」と言います）。よって、検定法はデータの性質により最も適切なものを選ぶべきです。

1-5. データの値が連続変数ではなかったり、正規分布しない場合

　t検定がカバーするデータは、身長や体重のように連続的に変化するデータで、2組ともが正規分布する場合だけです。例えば、整数値1、2、3のように不連続な値しか取らないようなデータや、（少なくとも片方は）正規分布しないようなデータにはMann-WhitneyのU検定を使う必要があります。

この検定法は、データを生の値から2組を通した通算順位に直し、それから
それぞれのデータの順位の和を計算し、その違いから有意性を判定するので、
データの分布や連続性にかかわらず検定をかけることができます。

　試しに、上記のデータに対してかけてみます。Mann-WhitneyのU検定は
Rに内蔵されており、wilcox.test（A,B）で実行できます。

```
> wilcox.test(G1, G2) ☞

      Wilcoxon rank sum test with continuity correction

data:  G1 and G2
W = 80.5, p-value = 0.0209
alternative hypothesis: true location shift is not equal
to 0
 警告メッセージ:
 wilcox.test.default(G1, G2) で:
    タイがあるため、正確な p 値を計算することができません
```

Wilcoxon rank sum testはMann-WhitneyのU検定の別名です。p = 0.0209
＜0.05なので有意になりますが、最後に警告メッセージが出ています。そ
の意味は、「データの中に同じ値があり同順位になるため、正確なp値が計
算できない」ということです。Rがデフォルトで持っている統計関数の中に
は、この同順位の補正をかけられるMann-WhitneyのU検定は含まれていな
いのですが、Rは完全なフリーウェアで、多くの人によって、様々な補正法
や内蔵されていない検定法を使うためのプログラムが用意されており、簡単
なコマンドでRにインストールして使うことができます。

　Mann-WhitneyのU検定で、同順位の補正に使うパッケージは
exactRankTestsという名前で、これをR内にインストールしておき、検定を
行う前に呼び出しておくと、同順位がある場合でも正確なp値を計算してく
れます。

　パッケージはP.36の0.5-5節で説明した方法で自分のRにインンストール
しておます。インストールしたパッケージを使うときは、Rの一番下の＞│
プロンプトの後に、library（パッケージ名）を入力してreturnすれば使える

第1章　2つのグループの「平均値」が違っているかどうか知りたい！――2群の平均値の差の検定――

POINT
ココに
入力

ようになります。今回のデータに同順位を補正したMann-WhitneyのU検定をかけるには、exactRankTestsを自分が使うRにインストールした上で次のようにします。

POINT
ココに
入力

```
> library(exactRankTests)
> wilcox.exact(G1,G2)
```

以下の結果が出力されます。

```
        Exact Wilcoxon rank sum test
data:  G1 and G2
W = 80.5, p-value = 0.02067
alternative hypothesis: true mu is not equal to 0
```

「同順位があるので正確なp値を計算できません」という警告は消え、p値＝0.02067で、平均値に有意な違いがあることが分かります。しかし、本来使うべきStudentのt検定を用いたときと比べると、p値が0.02067＞＞0.01309とかなり大きくなり、2組とも正規分布するデータにMann-WhitneyのU検定を使うと、検出力がかなり下がることが分かります。逆に2組とも正規分布しないデータにt検定を使うと、やはり検出力が下がります。したがって、データの性質を調べて、用いるべき適切な検定の使用を間違える確率が一番下がるのです。適当なデータを作って自分で試してください。そういうデータはネットで探せば簡単に見つかるでしょう。

1-6. データ間に対応があるときのt検定

　例えば、同じ病気の10人の患者にある薬剤を飲ませて、効き目があるかどうかを調べたいとします。このようなときは、最初に患者1〜10番までの病気の度合いを示すデータ（例えば血液中のある物質の成分量）を測っておいて、投薬後にもう一度データを取ります。今までの例では2組の各デー

タの間には関係がありませんでしたが、今回は患者1番の投薬前→投薬後、患者2番の投薬前→投薬後というようにデータの間に関係があり、このようなデータを「対応のあるデータ」と言います。正規分布していて対応があるデータの平均値を比べるときは、paired-t検定を使います。先ほどの例には対応はありませんが、あるものと考えて、paired-t検定をかけるには次のようにします。

```
> t.test(G1,G2,var.equal=T,paired=T)
     Paired t-test
data:  G1 and G2
t = 4.3105, df = 9, p-value = 0.00196
alternative hypothesis: true difference in means is not
equal to 0
95 percent confidence interval:
 0.7603228 2.4396772
sample estimates:
mean of the differences
                    1.6
```

例えばこのデータが、同じ病気の10人の患者の投薬前後の測定値のデータだとすると、$p < 0.05$のレベルで有意差があると言えます。薬が効いているかどうかは、測定値の平均値が上がったか下がったかを見れば分かりますが、この例ではGroup2の平均値の方が低いので（G1:4.0 > G2:2.4）、薬が効けば測定値が下がるということが予測されているなら、この薬は$p < 0.05$で効果があると言えることになります。

　最後に、対応がありデータが正規分布しない場合の検定を紹介します。それは「Wilcoxonの符合順位和検定」という検定法です。現在のデータに対応があるものとして、この検定をかけてみます。以下のようなコマンドを使います。データに同順位があることは分かっていますから、あらかじめパッケージexactRankTestsをRにインストールしておき、library（exactRankTests）で呼び出しておいてから、以下のようなコマンドを使います。

```
> wilcox.exact(G1,G2,paired=T)
       Exact Wilcoxon signed rank test
data:  G1 and G2
V = 52.5, p-value = 0.009766
alternative hypothesis: true mu is not equal to 0
```

p = 0.009766 ＜ 0.05 ですから、やはり、G2の平均値はG1のそれより有意に低いことが分かります。しかし、やはり正規分布するデータに正規分布しないことが前提の検定をかけると、p値が大きくなり（0.00196 ＜ 0.009766）、検出力が下がることが分かります。くれぐれもデータの性質を見極め、最も適切な方法を使ってください。

paired ＝ F とすると、対応がない場合の検定をするので、上で実行したexact.wilcox（）と同じ結果になります。つまり、対応がない場合には、paired ＝ の項を省略できるということです。

```
> wilcox.exact(G1,G2,paired=F)
       Exact Wilcoxon rank sum test
data:  G1 and G2
W = 80.5, p-value = 0.02067
alternative hypothesis: true mu is not equal to 0
```

ね、単にwilcox.exact（G1,G2）でやったときと全く同じ結果になりますね。ちなみに、同順位がないと分かっている場合にはRに内蔵されているwilcox.test（）を使い、paired ＝ TまたはFを入れて対応の有無に対処します。同順位も対応もない場合にはwilcox.test（X,Y,paired ＝ F）、同順位はないが対応がある場合は、wilcox.test（X,Y,paired ＝ T）（X、Yは比較したいデータを入れた変数名。今までの例だとG1、G2）で、正しい検定をしてくれます。

　このデータが、ある会社の商品Aの販促キャンペーンをする前後の、系列10店の店舗の商品Aの売り上げ数のデータだとしたら、exact.wilcox（G1, G2, paired = T）の結果から、残念ながらこのキャンペーンには販売数を下げる効果があったということで、キャンペーンのやり方を再考するのが賢明だと言えるでしょう。

　このように、統計検定は理系だけの道具ではなく、会社業務のような文系の方が主に関わる仕事でも、分析により適切な指針を与えてくれる便利な道具となります。

第1章のまとめ

　まとめとして、ここで用いた2群の差を調べる適切な検定法を見つけ出すための「表」を最後に付けます。表の条件を上の欄から選んでいくと、自分が使うべき検定方にたどり着きます。X、Yは比較したい各データを収容したRでの変数名です（以降の章も同様）。以降の章でも同様のまとめの表を付けます。

データの分布の形		2組のデータは正規分布を			
		両方ともする		少なくとも1群はしない	
データの分散や同順位の有無		2群のデータの分散は		2群のデータの通算順位に同じ順位が	
		等しい	等しくない	ある	ない
2組のデータ間のデータの対応が	ある	paired t検定 [t.test (X,Y.paired=T)]	Welchのt検定 [t.test (X,Y,var.equal = F,paired=T)	同順位を補正したMann-WhitneyのU検定 [exactRankTestsを読み込んだ上でwilcox.exact (X,Y,paired=T)]	Mann-WhitneyのU検定 [wilcox.test (X,Y)]
	ない	Studentのt検定 [t.test(X,Y)]	Welchのt検定 [t.test (X,Y,var.equal = F]		

第 **2** 章

1つ以上の要因について測定された、

3群以上のデータ群の平均値が

「同じではない」といえるかどうかを

知りたい！

2-1. 1つ以上の水準（コシヒカリとササニシキのように質的に異なり、ある処理に異なる反応を示す可能性のある要因）について測定された、3つ以上の群の平均値に差があるかどうか知りたいとき

　第1章では、1つの水準（体重や身長など）について測定された2つのデータ群の間の平均値が異なるかどうかを検定する方法を紹介しました。しかし、水準が2つ以上ある場合や、データ群が3つ以上あるときに、それらの間に平均値の違いがあるかどうかを知りたい場合があります。例えば、男性の平均身長（水準は1つ）でも、3つ以上の国について調べたい場合、2群ではなく多群の検定になります。2群でも、ある病気の「男性と女性」（2水準）の間で、「薬を飲んだ・飲まなかった」（処理）の間で、病状が改善されたかどうか（反応の違い）を知りたい場合、2水準（男女の別）2群（薬の有無）になります。このような場合に2群ずつ検定をかけていくと検定の回数が多くなって面倒くさいし、この章の後の方で説明するように、特別な配慮をしないと正しい結果を得られなくなります。

　このような多水準多群でも、そのどこかに「確かに違いがある」と言えるかどうかを一度に検定するための方法があります。どこかに違いがあると言えれば、どこにあるかは後で調べればいいことで、「どこにも違いはない」という結果なら、そのように扱えばいいだけです。この章ではそういうことを調べたい時にどの検定法を使えばよいかを紹介します。

2-2. 水準の数と、データの性質を知る

　適切な検定をかけるため、まず知っておく必要があるのは、自分のデータにはいくつの水準があり、サンプルされたデータ群のデータ分布の性質がどうなっているかということです。上に挙げたように「男女の違い」なら2水準で、男女のサンプルが「薬を飲んだ・偽薬を飲んだ・何も飲まない」なら3群です。医学では、「薬と思われる物」を飲んだだけで効果が出てしまうことがあるので、薬と同じ形をしているが薬効はないと分かっているた

だの小麦粉の塊（偽薬）を飲ませた第3の群を作って、本当に薬が効いているのかどうかを調べることがあります。そういう場合は1水準で、「真薬を飲んだ」「偽薬を飲んだ」「何も飲まなかった」の3群で、3群間の平均値に差があるかどうかの検定をすることになります。男女に分けて分析するなら2水準3群です。

さて、ここでも使う検定法を決めるには、各群のデータの性質を調べることから始めます。2群のときと同じで、各水準で、各データ群にShapiro-Wilk検定とvar.test（）をかけ（3群以上の場合はbartlett.test（）で一度に検定するのが便利。使い方はhttps://data-science.gr.jp/implementation/ist_r_bartlett_test.htmlを参照）、全群が正規分布しており、分散が等しいと見なせれば、使う検定は1水準の分散分析（one-way ANOVA）になります。用意したデータ（ファイル2-1.1水準3群ANOVA.csv）は上記の条件を満たすのですが、確認したい方は、shairo.test（）やvar.test（）を使って、2群ずつの比較を行い、本当にそうか確認するのもよいでしょう。

実行する前にファイル2-1.1水準3群ANOVA.csvを、ANOVA用に加工します。現在のデータフレームは、

```
> print(data)
   Group1 Group2 Group3
1       1      2      3
2       2      1      1
3       4      3      3
4       5      3      2
5       5      3      3
6       5      2      4
7       6      4      1
8       5      3      2
9       4      1      2
10      3      2      3
```

という状態になっていますが、ANOVAをかけるときは、このデータを縦1列に並べ直します。この作業はExcelを使うと簡単にできます。そのcsvファイル（2-2.1水準3群ANOVAforR.csv）をRに読み込み直したデータフレームを示します。

```
> data<-read.csv(file.choose(), fileEncoding="CP932")
> print(data)
   Sample Group Data
1       1     1    1
2       2     1    2
3       3     1    4
4       4     1    5
5       5     1    5
6       6     1    5
7       7     1    6
8       8     1    5
9       9     1    4
10     10     1    3
11      1     2    2
12      2     2    1
13      3     2    3
14      4     2    3
15      5     2    3
16      6     2    2
17      7     2    4
18      8     2    3
19      9     2    1
20     10     2    2
21      1     3    3
22      2     3    1
23      3     3    3
24      4     3    2
25      5     3    3
26      6     3    4
27      7     3    1
28      8     3    2
29      9     3    2
30     10     3    3
```

　このデータは、1つの水準について測定された、各10個のデータがある3つのグループ（測定日の違いなど）を表しています。Groupの列にどのグループであるかを示す変数（ここでは1〜3）があります。これにone-way ANOVAをかけるには次のようにします。

```
vx<-(data$Data)
fx<-factor(rep(c("1","2","3"),c(10,10,10)))
anova(aov(vx~fx))
```

　2行目の右側は、"1"、"2"、"3"という3つのグループがあり、そのデータ数が10、10、10であることを示しています。グループ数や、それぞれでデー

タ数が違うときは、その数を正確に書きます。Rは1列に並んだ計測データを、この情報にしたがって処理するため、ここを書き間違えると結果が違ってくるのでご注意を。実行結果は以下の通りです。

```
> vx<-(data$Data)
> fx<-factor(rep(c("1","2","3"),c(10,10,10)))
> anova(aov(vx~fx))
Analysis of Variance Table
Response: vx
          Df Sum Sq Mean Sq F value   Pr(>F)
fx         2 17.067  8.5333  5.9381 0.007289 **
Residuals 27 38.800  1.4370
---
Signif. codes:  0 '***' 0.001 '**' 0.01 '*' 0.05 '.' 0.1 ' ' 1
```

p値は0.007289と0.05を大きく下回っていますから、3つの群のどこかに有意な平均値の差があることが分かります。vx、fxはただの変数名なので、自分の好きなものを使ってかまいません（例えばx、y or A、Bなど。ただし、Rには、R自身が内部演算に使うため、使用者が指定する変数名として使うことが禁止されている記号がいくつかあるので、それ以外の物にしてください。何が禁止されているかはネット等で調べてください）。

Windowsマシンでやるときには、csvファイルのヘッダーを含むデータ領域をコピーしておいて、

```
dx<-read.table("clipboard",header=T)
anova(aov(Data~as.factor(Group),data=dx))
```

としても、同じ結果が出るはずです。私のMac Pro 6cores、R（ver.3.5.2）でやると、

```
*****************
```

```
> dx<-read.table("clipboard",header=T)
file(file, "rt") でエラー: コネクションを開くことができません
追加情報: 警告メッセージ:
file(file, "rt") で:
    クリップボードを開くことができないか、中身がありません
******************
```

というエラーが出てうまくいかないので、Macユーザーはdata < -read.csv（file.choose（）, fileEncoding = "CP932"）コマンドで、ファイルを選択した上で読み込んだ方が無難です。またWindowsだと、csvファイルをデータフレームに読み込むとき、data < -read.csv（"ファイル名"）でも読み込めるはずですが、Rは完全にフリーである代わりに、動作保証もされていません。この本で使っているMac版のver.3.5.2 では、read.tableやread.csvコマンドではうまく読み込んでくれません。前に使っていたver.3.4.1のときはできたのですが……。ともあれ、自分の使っているコンピュータとRのver.で、うまく動くやり方でやってください。

　さて、これで3つの群のどこかに違いがあることは分かりましたが、どこにあるかは別に調べなければなりません。一番簡単な方法は、この場合は3群ですから、1-2、2-3、1-3と3回、Studentのt検定をかけてみることです。3群のデータは、全て正規分布からずれておらず、分散にも差がないのでStudentのt検定になります。正規分布からのずれや分散に違いがある場合は、第1章を読み直して使うべき検定法を確認してください。ファイル2-1.1水準3群ANOVA.csvを再び読み込んでやってみます。

```
> data<-read.csv(file.choose(), fileEncoding="CP932")
> G1<-(data$Group1)
> G2<-(data$Group2)
> G3<-(data$Group3)
> t.test(G1,G2,var.equal=T)


        Two Sample t-test
```

```
data:  G1 and G2
t = 2.753, df = 18, p-value = 0.01309
alternative hypothesis: true difference in means is not
equal to 0
95 percent confidence interval:
 0.3789724 2.8210276
sample estimates:
mean of x mean of y
      4.0       2.4


> t.test(G2,G3,var.equal=T)
      Two Sample t-test
data:  G2 and G3
t = 0, df = 18, p-value = 1
alternative hypothesis: true difference in means is not
equal to 0
95 percent confidence interval:
 -0.9077021  0.9077021
sample estimates:
mean of x mean of y
      2.4       2.4


> t.test(G1,G3,var.equal=T)
      Two Sample t-test
data:  G1 and G3
t = 2.753, df = 18, p-value = 0.01309
alternative hypothesis: true difference in means is not
equal to 0
95 percent confidence interval:
 0.3789724 2.8210276
sample estimates:
```

```
mean of x mean of y
      4.0       2.4
```

　このようになり、Group1と2、1と3の間に有意差がありそうです。しかし、多群の比較のときには気をつけなければならないことがあります。3群の比較なら、2群ずつの検定を3回繰り返しています。p＜0.05の基準の比較は「1回の検定で、この確率が保証される」という意味ですから、検定を2回行う場合、両方のp値＜0.05だったとしても、そのままでは、「両方の検定結果が正しいということが、この確率で保証される」ということにはなりません。もちろん、そのようなときの対策も考えられています。

2-3. 多重比較の p 値の補正

　3つ以上のグループ間で平均値を比較する場合、最終的に2群間の比較を複数回行わないと、どことどこに差があるかを知ることはできませんから、2群間の検定を複数回行うことになります（「多重比較」と言います）。上述のように、多重比較の全ての検定でp値がp＜0.05になっても、その結果をそのまま使ってはいけません。多重比較の場合にはp値を補正する方法がいくつかあり、最も簡単で厳しいものは「Bonferroniの多重比較補正」と呼ばれています。「0.05／全検定回数」を計算し、「p値がその値より小さければ有意、大きければp＜0.05でも有意ではないと見なす」というものです。今回は2群間の検定を3回やっていますから、0.05/3＝0.0167となり、計算されたp値は0.01309で0.0167より小さいので、G1とG2、G1とG3の間には「有意差がある」と言ってかまいません。

　多重比較の補正法は他にもあり、代表的なのはTukey-Kramer testです。ただし、全てのデータ群が正規分布することを前提にしています。これをRで実行するには、one-way ANOVAのときに使ったデータを1列に直したファイル（ファイル2-2.1水準3群のANOVAforR.csv）を使うので、次のように入力し、ファイル2-2.を選択すると、下のように結果が出力されます。

```
> data<-read.csv(file.choose(), fileEncoding="CP932")
> vx<-(data$Data)
> fx<-factor(rep(c("1","2","3"),c(10,10,10)))
> TukeyHSD(aov(vx~fx))
```

```
    Tukey multiple comparisons of means
      95% family-wise confidence level
Fit: aov(formula = vx ~ fx)
$fx
      diff      lwr         upr        p adj
2-1  -1.6   -2.929226   -0.2707745   0.015926
3-1  -1.6   -2.929226   -0.2707745   0.015926
3-2   0.    -1.329226    1.3292255   1.000000
```

p adjが補正されたp値ですから、これが0.05より小さければ5％レベルで有意差があると言ってよいことになります。この例の場合、Bonferroniの補正と同様、G1-G2、G1-G3間には有意差があると言えます。データ内に正規分布しないものがある場合の対処については、後で説明します。

2-4. 対応のあるデータのone-way ANOVA

2群の平均値の検定と同様、データ間に、同じ個体や物から経時的に繰り返しデータを取った場合（「繰り返し測定」や「反復測定」と言います）、各データ群が正規分布して等分散でもやり方を変えなければなりません（注：同じ物から繰り返しデータを取るので全てのデータセットのデータ数は同じでないとまずいです。もしどこかのデータセットに欠測値がある場合は、データ数は減ってしまいますが、そのサンプル番号のデータは全てはずして分析するとよいでしょう）。

以下のコマンドを入力し、前に使ったファイル2-2.1水準3群ANOVAforR.csvを対応があるものとみなし、分析してみます。下記のコマンドで、ファ

イル2-2.1水準3群ANOVAforR.csvを読み込んだ上で実行します。

```
data<-read.csv(file.choose(), fileEncoding="CP932")
D<-(data$Data)
G<-(data$Group)
S<-(data$Sample)
summary(aov(D~G+S))
```

結果は、

```
> data<-read.csv(file.choose(), fileEncoding="CP932")
> D<-(data$Data)
> G<-(data$Group)
> S<-(data$Sample)
> summary(aov(D~G+S))
            Df Sum Sq Mean Sq F value  Pr(>F)
data$Group   1  12.80  12.800   8.371 0.00745 **
data$Sample  1   1.78   1.782   1.165 0.28992
Residuals   27  41.28   1.529
---
Signif. codes:  0 '***' 0.001 '**' 0.01 '*' 0.05 '.' 0.1 ' ' 1
```

　となり、測定日を表す変数Groupの間には有意差があるところもあるが（p = 0.00745 < 0.05）、繰り返し測定したサンプル（1 ～ 10）には、データに有意な影響はない（p = 0.28992 > 0.05）と言えます。どこに有意差があるかは、どのデータセットも正規分布で等分散なので、個別のペアでStudentのt検定で調べ、Bonferroniの多重比較の補正をかける、あるいは、Tukey-Kramer testで多重比較の補正をすれば、最初の計測日（Group1）と2回目の計測日（Group2）、Group1と3回目の計測日（Group3）の平均値には有意差があるが、Group2とGroup3の間には有意差がないということが分かります。

　次に、ある病気の患者男女別に、薬を飲んでもらった群と飲まなかった群、さらに偽薬を飲んだ群の平均値を比較するときに、どこで効き目があったかを知りたいような場合を考えます。この場合、「男性か女性か」と「薬を飲んだ・飲まなかった・偽薬を飲んだ」というように、2つの水準ごとに3群のデータが生じます。ファイル2-3.2水準MANOVA.csvのデータは、上記を満たすデータであり、どの群のデータも正規分布と有意差がなく、等分散であることを調べてあります。このようなデータセットの場合、多変量の分散分析 (Multivariate Analysis of Variance:MANOVA) を用いて分析します。下記のコマンドで2-3.2水準MANOVA.csvを読み込んで実行します。コマンドと結果は以下の通りです。

```
> data<-read.csv(file.choose(), fileEncoding="CP932")
> Before<-(data$Before)
> After<-(data$After)
> Pseudo<-(data$Pseudo)
> sex<-rep(c(1,2),c(10,10))
> sex<-factor(sex,levels=c(1, 2),labels=c("M","F"))
> result<-manova(cbind(Before,After,Pseudo)~sex)
> summary(result, test="Wilks")
          Df  Wilks approx F num Df  den Df   Pr(>F)
sex        1  0.49147  5.5184      3      16  0.00852 **
Residuals 18
---
Signif. codes:  0 '***' 0.001 '**' 0.01 '*' 0.05 '.' 0.1 ' ' 1
```

POINT
ココに
入力

　$p = 0.00852 < 0.05$なので、どこかに5%レベルでの差があります。どこにあるかを調べてみましょう。この節では愚直な方法を採ることにして、まず、2群ごとにStudentのt検定をかけます。組み合わせは表2-1の通りです。F

は女性を、Mは男性を表します。検定する必要のない組み合わせには - を入れてあります。もっとスマートに、性別の影響、薬剤投与の影響を見る方法がありますが、この方が思考の訓練になります。

【表 2-1：ファイル 2-4 のデータのペアごとの検定の組み合わせ】

	MBefore	MAfter	MPseudo	FBefore	FAfter
MBefore	-	-	-	-	-
MAfter	○	-	-	-	-
MPseudo	○	○	-	-	-
FBefore	○	○	○	-	-
FAfter	○	○	○	○	-
FPseudo	○	○	○	○	○

ファイル 2-4.2 水準 3 群 t 検定 .csv を読み込みます。コマンドは以下の通りで、実行結果はその下に組み合わせと p 値をまとめました。

```
data<-read.csv(file.choose(), fileEncoding="CP932")
MB<-(data$MBefore)
MA<-(data$MAfter)
MP<-(data$MPseudo)
FB<-(data$FBefore)
FA<-(data$FAfter)
FP<-(data$FPseudo)
t.test(MB,MA,var.equal=T)
t.test(MB,MP,var.equal=T)
t.test(MB,FB,var.equal=T)
t.test(MB,FA,var.equal=T)
t.test(MB,FP, var.equal=T)
t.test(MA,MP, var.equal=T)
t.test(MA,FB, var.equal=T)
t.test(MA,FA, var.equal=T)
```

POINT
ココに
入力

```
t.test(MA,FP, var.equal=T)
t.test(MP,FB, var.equal=T)
t.test(MP,FA, var.equal=T)
t.test(MP,FP, var.equal=T)
t.test(FB,FA, var.equal=T)
t.test(FB,FP, var.equal=T)
t.test(FA,FP, var.equal=T)
```

結果をまとめると次のようになります。

	組み合わせ	p値
1	MB-MA	0.0131
2	MB-MP	1.0
3	MB-FB	0.0131
4	MB-FA	0.0131
5	MB-FP	0.0131
6	MA-MP	0.0131
7	MA-FB	1.0
8	MA-FA	1.0
9	MA-FP	1.0
10	MP-FB	0.0131
11	MP-FA	0.0131
12	MP-FP	1.0
13	FB-FA	1.0
14	FB-FP	1.0
15	FA-FP	1.0

　15回の検定のうち、いくつかの組み合わせでP＜0.05ですが、多重比較ですからBonferroniの補正をかけると、有意になるp値は$0.05/15 = 0.0033$で、残念ながらどれ1つとして有意とは言えません。

　しかし、表をよく見ると分かることがあります。女性同士では、どの組み

合わせでも全く有意になっていませんが、男性同士の組み合わせでは、p＜0.05のレベルで、MB-MA間は有意ですが、MB-MP間は有意ではありません。そして、MA-MP間は有意です。Pは偽薬を飲んだ場合ですから、これらのことから、1）女性ではこの薬はどの組み合わせの間でも差が有意にならない。つまり、女性の場合、この薬は効果がない。2）男性では、薬を飲んだ場合は値が変わり（効果がある）、偽薬は効果がない、ということを示しています。ですから、検定はMB-MA、MB-MP、MA-MPの3回だけかければよいことになり、Bonferroniの補正p値は、0.05/3＝0.0167＞0.0131となり、MB-MAは有意差あり、MB-MPは有意差なしと言えることになります。つまり、この薬は男性のみに効果があり、偽薬は男性でも効果はない、と言えるのです。

　しかし、このやり方はまだるっこしいし、たくさん検定かけているのに、都合のいいように回数を減らしているように感じる人もいるでしょう。第6章で説明する重回帰やGLMで分析すると、ここで述べたことが統計的に支持されることが分かるはずです。

2-6. 連続変数ではなく、正規分布しないデータで多群間の平均値の差を調べる場合

　2群間と同じように、データが連続変数ではない場合や、そうであっても正規分布していない場合には、どの検定法を用いればよいのでしょうか。その場合にはKruskal-Wallis検定が使えます。ただし、この検定は1水準で、3群以上のデータで、対応がないときにしか使えず、対応があるデータで多水準の場合はFriedman検定（次節で説明）を用います。正規分布せず、対応がなく、多水準の場合は使える検定法がありません。その場合は第6章で説明する重回帰分析や一般化線形モデルにより分析するのがよいと思われます。

　さて、ファイル2-1.1水準3群ANOVA.csvのデータを、上のようなデータとみなしてKruskal-Wallis検定で分析してみます。実行コマンドと結果は以下の通りです。

```
> data<-read.csv(file.choose(), fileEncoding="CP932")
> G1<-(data$Group1)
> G2<-(data$Group2)
> G3<-(data$Group3)
> kruskal.test(x=list(G1,G2,G3))


      Kruskal-Wallis rank sum test
data:   list(G1, G2, G3)
Kruskal-Wallis chi-squared = 7.5655, df = 2, p-value
 = 0.02276
```

$p = 0.02276 < 0.05$ なので、どこかに差があります。どこかを調べるにはG1-G2、G1-G3、G2-G3をMann-WhitneyのU検定で検定し（同順位があるので、exactRankTestsを呼び出し、wilcox.exact（）で検定します）、Bonferroni等の多重比較の補正をかけます。実行すれば分かりますが、Bonferroniの補正では、G1-G2、G1-G3が$p = 0.02067 < 0.05$となりますが、補正p値 $= 0.05/3 = 0.01667$より大きいので有意とは言えません。また、各群のデータが正規分布しないと考えているので、Tukey-Kramerの補正は不適当です。データが正規分布しない場合の多重比較のp値の補正には、Steel-Dwass検定を用います。パッケージNSM3をインストールしておき、library（NSM3）で呼び出してから、以下のようにします。ファイルは、2-2.1水準3群ANOVAforR.csvを用います。

```
data<-read.csv(file.choose(), fileEncoding="CP932")
G<-(data$Group)
D<-(data$Data)
pSDCFlig(D,G, method="Asymptotic")
```

で実行すると、

```
Ties are present, so p-values are based on conditional
```

```
null distribution.
Group sizes: 10 10 10
Using the Asymptotic method:
For treatments 1 - 2, the Dwass, Steel, Critchlow-
Fligner W Statistic is -3.3211.
The smallest experimentwise error rate leading to
rejection is 0.0495 .
For treatments 1 - 3, the Dwass, Steel, Critchlow-
Fligner W Statistic is -3.3211.
The smallest experimentwise error rate leading to
rejection is 0.0495 .
For treatments 2 - 3, the Dwass, Steel, Critchlow-
Fligner W Statistic is 0.
The smallest experimentwise error rate leading to
rejection is 1 .
```

　このように、1 vs 2 と 1 vs 3間には有意差があるが、2 vs 3には有意差がないという結果です。Asymptoticとは "近似的な" という意味で、近似値を計算しているので、計算時間は速い（それでも Mac Pro 6cores で3秒ほどかかりました）。NSM3には pSDCFlig（G,D, method = "Exact"）という関数もあり、正確な値を計算してくれるのですが、やってみたところ、3群で1群データ数10のファイル 2-2.1水準3群 ANOVAforR.csvのデータでも、10分以上かかっても計算が終わらず、「エラー：ベクトルのメモリを使い切りました（上限に達した？）」と出たので、たかだか1群10サンプルの3群データでもこうなるのでは、計算回数が多過ぎて実用的ではないと思われます。

　もう1つ、個人のサイトである群馬大学の青木繁伸先生が、この例ならSteel.Dwass（D,as.numeric（G））で検定できるプログラムを HP（aoki2. si.gunma-u.ac.jp/R/Steel-Dwass.html）に公開していますので、それを用いた結果だけを示します。やり方は関数コードをHPからRにコピペし、returnしてから、以下のコマンドで実行します。

```
> Steel.Dwass(D, as.numeric(G))
       t             p
1:2 2.348349   0.04941472
1:3 2.348349   0.04941472
2:3 0.000000   1.00000000
```

　このように、NSM3と同じ結果ですね。計算時間も短く、実用的かもしれません。ちなみに、2-2.1水準3群ANOVAforR.csvをTukey-Kramer法で補正すると下記の結果になり、より低いp値が得られますが、元々このデータは全ての群が正規分布で等分散のデータですから、こうなって当然です。自分で正規分布しないデータを作って試し、どちらの方法が低いp値を出すか調べてみるのも面白いでしょう。

```
> data<-read.csv(file.choose(), fileEncoding="CP932")
> vx<-(data$Data)
> fx<-factor(rep(c("1","2","3"),c(10,10,10)))
> TukeyHSD(aov(vx~fx))
   Tukey multiple comparisons of means
     95% family-wise confidence level
Fit: aov(formula = vx ~ fx)
     diff        lwr         upr      p adj
2-1  -1.6  -2.929226  -0.2707745  0.015926
3-1  -1.6  -2.929226  -0.2707745  0.015926
3-2   0.0  -1.329226   1.3292255  1.000000
```

　ともあれ、Bonferroniを使うと全てのペアが有意にはならないが、Steel-Dwass補正では有意になるペアがあります。このような場合、どちらの結果を採用するかは本人の考え方の問題ですが、Tukey-KramerやSteel-Dwassの補正で有意であったなら、ほとんどの科学論文の雑誌はOKを出してくれます。「いや、一番厳しいBonferroniの補正でダメだったのだからダメだ」と言う潔い方には、次のやり方をおすすめします。2-1.1水準3群ANOVA.csv

のG1-G3をwilcox.exact（）で分析した結果、データ数10でp = 0.02067だったのですから、データ数を20に増やすともっとp値が低くなり、Bonferroniの補正でも有意になるかもしれません。試しにG1、G3にそれぞれ自身のデータを加え、データ数20にした2-5.1水準3群（n = 20）.csvを読み込み、wilcox.exact（）をかけると、

```
data<-read.csv(file.choose(), fileEncoding="CP932")
G1<-(data$Group1)
G3<-(data$Grpup3)
        Exact Wilcoxon rank sum test

data:  G1 and G3
W = 322, p-value = 0.0005697
alternative hypothesis: true mu is not equal to 0
```

となり、p = 0.0005697＜0.0167となるので、Bonferroniの補正でも有意になります。もちろん、本当にこんなやり方をして論文投稿すると「データのねつ造」ということになってしまいますから、実際にはできません。しかし、データを増やせば有意差が出るかもしれないことは考えられるので、こういうときはできるなら新しくデータを追加してみるのが良策でしょう。

2-7. 3群以上で、対応があり、正規分布せず、しても等分散ではない場合

　最後に、3群以上で正規分布せず、対応がある場合に使うFriedman検定をやってみます。これは、ある薬剤の効果などを、同じ患者から日を変えて3回以上繰り返し測ったデータ群などで、データが正規分布しない場合に用います。もちろん、同じ商品の売れた個数を月ごとに集計したデータのような、商品の売れ行きが月によって違うかどうか、といった会社業務で行うような分析にも使えます。

　ここでは、2-1.1水準3群ANOVA.csvのG1、G2、G3で、1～10までが同

じ人で、各人から3回データを取ったものとして検定してみます。

結果は、

```
> data<-read.csv(file.choose(), fileEncoding="CP932")
> G1<-(data$Group1)
> G2<-(data$Group2)
> G3<-(data$Group3)
> friedman.test(y=matrix(c(G1,G2,G3),ncol=3))


        Friedman rank sum test
data:  matrix(c(G1, G2, G3), ncol = 3)
Friedman chi-squared = 9.5, df = 2, p-value = 0.008652
```

$p = 0.00865 < 0.05$ で、どこかに有意差があります。あとはペアごとに比較して、Bonferroni、Tukey-Kramer や Steel-Dwass の補正をかけて、どこに差があるかを見つけます。この例ではG1→G2で、平均値が4.0から2.4に下がっており有意差があり、G2→G3は2.4→2.4で有意差がありません。G1とG2の計測日の間に薬が投与されていて、G2とG3間にはされていないとすると、薬の効果はあったことになります。

このデータは、本当は各データ群が正規分布かつ等分散ですから、p値はone-way ANOVA（$p = 0.0073$）＜ Kruskal-Wallis 検定（$p = 0.0228$）、反復測定の ANOVA（$p = 0.00745$）＜ Friedman 検定（$p = 0.0087$）となり、最も適切な検定ではない検定法を使うと、検出力が下がることが分かります。3群以上で、対応があり、正規分布せず、しても等分散ではないデータセットを用いると、Friedman検定の方がp値が低くなると予想されます。

やはり、「本当は関係が『ある』のに『ない』と判定しまう間違い（第2種の過誤）」を最も低い水準に抑えるためには、最も適切な検定法を選ぶ必要があるのです。

第 2 章のまとめ

各データ群の分布の形	全部する					
各群の分散は	等しい				等しくない	
データ間の対応は？	ない		ある		ない	
水準が1つ？複数？	1つ	複数	1つ	複数	1つ	複数
選ぶべき検定法	one-way ANOVA	MANOVA	反復測定のANOVA	反復測定のMANOVA（注1）	Kruskal-Wallis検定	重回帰分析（6章）
多重比較の補正	Bonferroniの補正 または Tukey-Kramerの補正					

注1）https://www.wantedly.com/companies/diligence/post_articles/74556を参照

各データ群は正規分布を					
		少なくとも1群はしない			
ある		ない		ある	
1つ	複数	1つ	複数	1つ	複数
Kruskal-Wallis検定	Friedman検定	Kruskal-Wallis検定	重回帰分析（6章）	Kruskal-Wallis検定	Friedman検定
Steel-Dwassの多重比較補正					

第2章　1つ以上の要因について測定された、3群以上のデータ群の平均値が「同じではない」といえるかどうかを知りたい！

第 **3** 章

2つ（以上）のグループの中の、

2つ（以上）の結果の「割合」が

違うかどうか知りたい！

―比率の検定―

3-1. Fisherの正確確率検定と χ²（カイ二乗）検定

　例えば、2つのコインを独立に10回ずつ投げて、コインAは表が7回出て、コインBは表が2回しか出なかったとします。コインAの方が表が出やすいと言えるでしょうか？

　このように、あることが起こった「割合」に有意差があるかどうか知りたい場合があります。これらを検定するための方法は一般に「比率の検定」と言われていて、Fisherの正確確率検定とχ²（カイ二乗）検定という2種類しかありません。どちらを使うべきかはデータ次第です。上の例の結果を表にまとめてみると次のようになります。

【表 3-1：2枚のコインで、10回振ったときの裏表が出た回数】

	表の回数	裏の回数
コインA	7	3
コインB	2	8

　この表は、コインの裏表だから2×2になっていますが、コインが増えれば3≧×2の表になるし、2個以上のサイコロなら、2≧×6の表になるでしょう。どちらの検定を使うかは、この表を見ればすぐに判定でき、マス目の中に5より小さい数字が1つでもあればFisherの正確確率検定を、全部のマス目の数字が5より小さい数字を含まなければχ²検定を「使ってもよい」という決まりです。なぜ「使ってもよい」なのかというと、Fisherの正確確率検定は、期待される確率を全ての組み合わせについて計算し、観察された確率がその値からずれているかどうかを計算する方法なので、計算回数がとても多くなり、昔の電卓や初期のパソコンでは計算時間が長くなるため、計算時間が短くてすむχ²検定が使われていたためです。

　Fisherの正確確率検定では、p値が直接計算されてくるので、p値を推定するための「統計量」はありません。一方、χ²検定はデータから「χ²統計量」を計算し、計算された統計量がχ²分布の面積95%の値より外側にあるかどうかを見てデータの有意性を判定する、頻度主義検定の王道を行く検定法で

す。このとき、マス目に5より小さな数字があると、推定される χ^2 検定量がバイアスし、χ^2 分布への当てはまりに誤差が生じます。よって、マス目に5より小さな数字があるときに χ^2 検定を使うと結論を誤る危険性が高まるのです。

　以前、学生の輪読会で学生が紹介した中国人が著者の論文で、マス目の中が2や3などといった5より小さい数字ばかりなのに χ^2 検定をかけているものがあり「自分がレフェリーだったらこの論文は通さないのに」と思いました。誰がレフェリーなのかは分かりませんが、こういう論文が世に出てしまうのはレフェリーの責任です。

　閑話休題。上の表のマス目には5より小さな数字がありますから、使うべきはFisherの正確確率検定です。Rでの実行結果は以下の通りです。

POINT
ココに
入力

```
> x<-matrix(c(7,3,2,8),nrow=2,byrow=T)
> fisher.test(x)

      Fisher's Exact Test for Count Data
data:  x
p-value = 0.06978
alternative hypothesis: true odds ratio is not equal to 1
95 percent confidence interval:
   0.8821175 127.0558418
sample estimates:
odds ratio
   8.153063
```

　このようになり、p = 0.06978 > 0.05 なので、この程度のずれでは有意な差があるとは言えません。そこで、もう10回振っても同じ比率になったとして、表3-2のデータに検定をかけてみます。

【表3-2：2枚のコインで、20回振ったときの裏表が出た回数】

	表の回数	裏の回数
コインA	14	6
コインB	4	16

```
> x<-matrix(c(14,6,4,16),nrow=2,byrow=T)
> fisher.test(x)
    Fisher's Exact Test for Count Data
data:  x
p-value = 0.003641
alternative hypothesis: true odds ratio is not equal to 1
95 percent confidence interval:
  1.820493 52.735810
sample estimates:
odds ratio
  8.723789
```

このようになり、今度はp = 0.0036 < 0.05なので、コインAの方が、有意に表が出やすいと言えます。マス目の1つに4があるので、本当はダメですが、このデータをχ^2検定で検定すると、

```
> chisq.test(x)
    Pearson's Chi-squared test with Yates' continuity
correction
data:  x
X-squared = 8.1818, df = 1, p-value = 0.004231
```

となり、有意になりますが、p値は0.003641 < 0.004231なので、やはりFisherの正確確率検定の方が、検出力が高いことが分かります。また、データ数が多い次のような表を両方の検定法でやってみます。

3-2. 比率の検定法の選び方

　昔なら、とても大きな数字がマス目に入った比率の検定は、Fisherの正確確率検定では計算時間がかかりすぎてできませんでした。しかし、現在のコンピュータは処理速度が速いので、ほとんど問題になりません。

　試しに、比率は変えずにマス目の中の数字だけ増やしてみます。

【表3-3：投げた回数が100回のコインA,Bの表裏の回数】

	表の回数	裏の回数
コインA	70	30
コインB	20	80

```
> x<-matrix(c(70,30,20,80),nrow=2,byrow=T)
> fisher.test(x)


	Fisher's Exact Test for Count Data
data:  x
p-value = 1.05e-12
alternative hypothesis: true odds ratio is not equal to 1
95 percent confidence interval:
  4.653395 18.908394
sample estimates:
odds ratio
  9.207979


> chisq.test(x)
	Pearson's Chi-squared test with Yates' continuity
correction
data:  x
```

第3章 2つ（以上）のグループの中の、2つ（以上）の結果の「割合」が違うかどうか知りたい！─比率の検定─

```
X-squared = 48.505, df = 1, p-value = 3.294e-12
```

　このように、どちらも高度に有意になりますが、私が使っているMac Pro 6 coresでは、両方を計算する時間はわずか0.2秒くらいで、どちらを使っても全く問題は生じませんでした。両方の総投げ回数を1000にしてやってみても0.3秒くらいで計算してくれました。また、Fisherの正確確率検定はp値を直接計算するので、その値は正確ですが、χ^2検定はχ^2統計量をχ^2分布に近似してp値を推定するので、その値は近似値であり、正確ではありません。

　実際、上の例ではχ^2検定のp値の方が3倍くらい高くなっています。よって、現在のコンピュータ環境を考えると、χ^2検定はほとんど使う必要がない検定で、2×2のデータなら、1マス1000万回分くらい（笑）のデータがない限り、Fisherの正確確率検定1本で押し通せます。ちなみに、表1のデータ割合で総投げ回数を100万回にしてやってみたところ、Fisherの正確確率検定は計算に14秒くらいかかりましたが、χ^2検定は0.1秒くらいでした。ですから現在は、よほどのことがない限りFisherの正確確率検定を使えばいいのです。

3-3. 期待値からのずれの検定

　上の例では、2枚のコイン間の比較を行いましたが、それぞれのコインについて、裏表の出る確率が1/2からずれているかどうかという、期待値からのずれを検定することもできます。やり方は簡単で、x<-matrix（c(14,6,4,16),nrow = 2,byrow = T）のマトリックス（「2×2の分割表」とも言います）の定義のときに、どちらかのコインの数字を期待値に書き換えればいいだけです。

　普通、コインの裏表は0.5の確率で出ると考えられますから、20回投げたときの期待値は表10回、裏10回です。コインAについて検定するなら、

```
> x<-matrix(c(14,6,10,10),nrow=2,byrow=T)
```

```
> fisher.test(x) 
```

```
	Fisher's Exact Test for Count Data
data:  x
p-value = 0.3332
alternative hypothesis: true odds ratio is not equal to 1
95 percent confidence interval:
 0.5370038 10.5131680
sample estimates:
odds ratio
 2.283171
```

となり、p＝0.3332＞0.05ですから、このくらいのずれでは表が出やすいとは言えません。裏表の比率はそのままで総投げ回数を100回にしてみると、

```
> x<-matrix(c(70,30,50,50),nrow=2,byrow=T) 
> fisher.test(x) 
```

```
	Fisher's Exact Test for Count Data
data:  x
p-value = 0.005937
alternative hypothesis: true odds ratio is not equal to 1
95 percent confidence interval:
 1.256203 4.351520
sample estimates:
odds ratio
 2.323215
```

となり、有意になります。

　このように、母確率の期待値（コインなら裏表とも1/2、サイコロなら各目1/6）が分かっているときは、そこからのずれも検定できるわけです。し

かし、試行回数がかなり多くないと裏表のような母確率が高い場合は有意にならないことが多いです。そういうテスト（例：ある商品を買うのは男性の方が多いか？（母確率は1/2）など）を考えているのなら、試行回数を多く取るべきでしょう。この例なら、その商品を買った人の総人数が50人くらいはないと有意になりにくいでしょう。

　もう1つ気をつける点は、Rのfisher.test（）は、小数を受け付けてくれず、小数の場合は勝手に整数に直してしまうので、母確率が0.5だとしたら、試行回数を全てのマス目が整数になるような数にすることです。そうしないと、期待回数の方が12.5のように小数点以下を持つ場合が出てしまい、結果がおかしくなります。サイコロの例を次に示しますが、サイコロの場合、試行回数を6の倍数になるように取らないと、期待値が整数になってくれません。

3-4. マトリックスが2×X（X > 2）の場合

　コインでは、マトリックスは2 x 2でしたが、サイコロでは2 x 6になります。表3-4のようなデータが得られたとき、このサイコロは1が出やすいと言えるでしょうか。

【表3-4：あるサイコロを180回投げたときの各目の出た回数】

	1	2	3	4	5	6
試行結果	55	25	25	25	25	25
期待値	30	30	30	30	30	30

　Rでは、nrowが行数を表し、サイコロの試行値と期待値の2行ですからnrow = 2, ncolが列数を表します。コインの時には、ncolは裏表の2でしたが、サイコロでは次のようにします。

```
> x<-matrix(c(55,25,25,25,25,25,30,30,30,30,30,30),
nrow=2,ncol=6)
```

```
> fisher.test(x) ⏎
```

```
        Fisher's Exact Test for Count Data
data:  x
p-value = 0.1097
alternative hypothesis: two.sided
```

となり、p = 0.1097 > 0.05 なので、この程度では偏りがあるとは言えません。同じ比率で試行回を360回に増やしてみると、

```
> x<-matrix(c(110,50,50,50,50,50,60,60,60,60,60,60),nrow
=2,ncol=6) ⏎
> fisher.test(x) ⏎
 fisher.test(x) でエラー : FEXACT error 7.
LDSTP is too small for this problem.
Try increasing the size of the workspace.
```

となり、計算のためのメモリが足りないと言ってきました。しかたないので、両方 χ^2 検定でやってみましょう。マス目の数字は全部5より大きいので、χ^2 でも問題にはならないはずです。

```
> x<-matrix(c(55,25,25,25,25,25,30,30,30,30,30,30),nrow=
2,ncol=6) ⏎
> chisq.test(x) ⏎
        Pearson's Chi-squared test
data:  x
X-squared = 8.8112, df = 5, p-value = 0.1168
```

```
> x<-matrix(c(110,50,50,50,50,50,60,60,60,60,60,60),nrow
=2,ncol=6) ⏎
> chisq.test(x) ⏎
```

```
    Pearson's Chi-squared test
data: x
X-squared = 17.622, df = 5, p-value = 0.003459
```

になり、試行回数360でこの比率だと、このサイコロは有意に1が出やすいということになります。やっぱり、行数や列数が大きなデータを扱うときは、x^2検定はまだ必要だと言うことですね。

3-5. 多行多列のデータの分析

多行多列のデータも扱うことができます。表3-5のように、各商品が1〜3, 4〜6, 7〜9, 10〜12月に売れた個数の比率に違いがあるかどうかをテストしてみましょう。

【表3-5：3つの商品A,B,Cが1〜3, 4〜6, 7〜9, 10〜12月に売れた個数】

	1〜3月	4〜6月	7〜9月	10〜12月
商品A	30	50	120	60
商品B	70	20	10	100
商品C	50	50	50	50

```
> x<-matrix(c(30,50,120,60,70,20,10,100,50,50,50,50),nro
w=3,ncol=4)
> chisq.test(x)
    Pearson's Chi-squared test
data: x
X-squared = 139.54, df = 6, p-value < 2.2e-16
```

となり、3つの商品が売れる割合は季節によって大きく影響を受けていることが分かります。個別に比べて、Bonferroniなどの多重比較の補正をかけ

れば、どれとどれが違っているかも分かります。

```
> x<-matrix(c(30,50,120,60,70,20,10,100),nrow=2,ncol=4)
> chisq.test(x)

        Pearson's Chi-squared test

data:  x
X-squared = 126.41, df = 3, p-value < 2.2e-16


> fisher.test(x)

        Fisher's Exact Test for Count Data

data:  x
p-value < 2.2e-16
alternative hypothesis: two.sided


> x<-matrix(c(30,50,120,60,50,50,50,50),nrow=2,ncol=4)
> chisq.test(x)

        Pearson's Chi-squared test

data:  x
X-squared = 21.686, df = 3, p-value = 7.583e-05


> fisher.test(x)

        Fisher's Exact Test for Count Data

data:  x
p-value = 6.844e-05
alternative hypothesis: two.sided
> x<-matrix(c(70,20,10,100,50,50,50,50),nrow=2,ncol=4)
> chisq.test(x)

        Pearson's Chi-squared test

data:  x
X-squared = 98.398, df = 3, p-value < 2.2e-16
>
```

POINT
ココに
入力

```
> fisher.test(x)
      Fisher's Exact Test for Count Data
data:  x
p-value < 2.2e-16
alternative hypothesis: two.sided
```

　このようになり、Bonferroni の多重比較の補正 p 値 < 0.05/3 = 0.01667 なので、全ての 2 商品間で、他の商品と売れた数の比率が季節により違っていることが分かります。しかし、何がその違いを作り出しているかは、比率の検定だけでは分からないので、回帰分析などをする必要があります。

第 3 章のまとめ

実用的な時間内に Fisher の正確確率検定で	
実行できた	実行できなかった
Fisher の正確確率検定	χ^2（カイ二乗）検定
x<-matrix(c(A0,A1,B0,B1),nrow=2,byrow=T) (A0 等は 2×2 の分割表内の数字（水準 A、B と処理への反応 0、1）	
fisher.test(x)	chisq.test(x)

第4章

ある変数（例えば売り上げ）の

変動に何が効いているか

知りたい！

―相関分析と回帰分析―

　ある量の変化に、他の何が影響を与えているか知りたいときがあります。例えば、今年1年（1〜12月）の会社の売り上げの傾向が、経済全体の動向と営業マンの努力のどちらによって決まっているかを知りたければ、以下に紹介する分析が必要です。

　説明したい変数（上の例では月ごとの会社の売上高）を縦軸に、原因と考えられる変数（例では月ごとの経済動向の指標と、各営業マン（2人とします）の月別売上高）に対してプロットしてみましょう。データはファイル4-1.会社売り上げ.csvのものを使います。

【図4-1：ある会社の月別売上高】

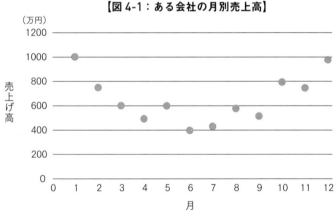

　売上高は夏に下がっており、冬に上がっていることが分かりますね。でも、これだけでは何が原因でこのように変化しているのかは分かりません。それを知るための手がかりとして、月ごとの経済指標（ここでは、景気がいいと1に近く、悪いと0に近くなる連続変数とします）に対して、月別の売上高をプロットしてみます。

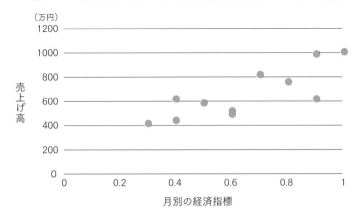

【図4-2：ある会社の月ごとの経済指標と月別売り上げとの関係】

　こうしてみると、経済指標がよい月の売り上げは高く、悪い月の売り上げ
は低いように見て取れます。では、本当にそういう関係がある（P＜0.05で
有意である）と言うためにはどうしたらいいでしょうか。

　こういう場合に使うのが「相関係数」という指標です。主に使う相関係数
には3つあり、1）Pearsonの積率相関係数（単にPearsonの相関係数とも言
います）、2）Spearmanの順位相関係数、3）Kendallの順位相関係数です。1）
は両変数とも連続変数であるときに、2）、3）は変数が順位であるとき（あ
るいは順位に変換されているとき）に用います。この例では、経済指標も
売り上げも連続変数ですから、1）のPearsonの積率相関係数を使いますが、
試しに3つともRでやってみましょう。

　まずファイル4-1.会社売り上げ.csvのデータを読み込み、経済指標と売り
上げを、それぞれEIとSという名前の変数に格納します。

```
data<-read.csv(file.choose(), fileEncoding="CP932")
S<-(data$Sales)
EI<-(data$EI)
```

print（）を使うと、ちゃんと格納されているかどうかを確認できます。

```
> print(S)
```

```
[1] 1000 750 600 500 600 400 430 580 520 800 750 980
> print(EI) ✎
[1] 1.0 0.8 0.9 0.6 0.4 0.3 0.4 0.5 0.6 0.7 0.8 0.9
```

大丈夫ですね。では、相関係数の計算と検定を実行しましょう。まず、Pearsonの積率相関係数からやらせます。

```
> cor.test(S,EI,method="pearson") ✎
        Pearson's product-moment correlation
data:   S and EI
t = 4.5807, df = 10, p-value = 0.00101
alternative hypothesis: true correlation is not equal to 0
95 percent confidence interval:
 0.4719327 0.9487583
sample estimates:
        cor
0.8229454
```

となり、最後の行に表示されているPearsonの積率相関係数（通常 r と表記します）は、r = 0.8229454、p = 0.00101 < 0.05なので、有意なプラスの相関があることになります。つまり、経済指標が大きい（＝良い）と売り上げも多いということです。計算法にかかわらず相関係数は－1 ～＋1の値を取り、プラスの符号は右上がりの関係、マイナスの符号は右下がりの関係を表します。全部のデータ点が完全に一直線上に並ぶ場合は1.0（または－1.0）になり、図4-2のように直線からずれが出ると |r| ＜1.0になります。また、有意になるかどうかはデータの数に影響を受け、データ数が多いほど低い相関でも有意になります。この例ではデータ点（＝月数）は12しかありませんから、それでも有意になる0.8以上の相関はだいぶ大きな値です。

続けて、SpearmanとKendallの順位相関係数（それぞれrho, τ（tauと呼ばれる）も求めてみましょう。

```
> cor.test(S,EI,method="spearman") ☜

      Spearman's rank correlation rho

data:  S and EI
S = 51.539, p-value = 0.001096
alternative hypothesis: true rho is not equal to 0
sample estimates:
      rho
0.8197931
```

　警告メッセージ：
　cor.test.default(S, EI, method = "spearman") で：
　　タイのため正確な p 値を計算することができません

```
> cor.test(S,EI,method="kendall") ☜

      Kendall's rank correlation tau

data:  S and EI
z = 2.8512, p-value = 0.004356
alternative hypothesis: true tau is not equal to 0
sample estimates:
      tau
0.6508757
```

　警告メッセージ：
　cor.test.default(S, EI, method = "kendall") で：
　　タイのため正確な p 値を計算することができません

　相関係数を求める方法を変えるには、コマンドの「""」内のmethodを書き換えるだけです。注意点は、検定法として表記するときは人の名前なので最初の文字が大文字になりますが、Rのコマンドとして書くときは全て小文字にします。また、綴り間違いや、「"」の付け忘れなども犯しやすい間違いですから、エラーメッセージが出たときは確認してください。

　どちらの順位相関も有意な正の値を取りますが、Mann-WhitneyのU検定のときと同じく、「タイがある」いう警告メッセージが出ます。このデータ

は連続変数の相関検定なので、Pearsonの積率相関を使えばよいのですが、順位変数で「タイがある」と言われたときには、補正用のパッケージはないので、タイになるデータがなくなるように、元データをいくつか取り除いて再計算するのが一番手っ取り早い方法です。それで有意になれば、元データも必ず有意になります。

4-2. 相関と回帰の違い

　ところで、プラスの相関は、「片方の変数が大きくなると、もう1つの変数も大きくなる」という意味（符合がマイナスなら片方が小さくなるともう1つは大きくなる）でしかありません。そして、係数が1（または−1）に近いほど、より強い関係がある（データのバラツキ度合いが小さい）、ということです。ですから、変数の順番を逆にしても同じ値になります。

　試しに、今のデータで、変数の順番を入れ替えてPearsonの積率相関係数を計算してみます。

```
>  cor.test(EI,S,method="pearson")

        Pearson's product-moment correlation
data:  EI and S
t = 4.5807, df = 10, p-value = 0.00101
alternative hypothesis: true correlation is not equal to 0
95 percent confidence interval:
 0.4719327 0.9487583
sample estimates:
      cor
0.8229454
```

　ね、同じですね？　このことから分かるように、相関は因果関係の存在を直接示しません。2つの変数の間に因果関係があれば相関係数も有意になる

でしょうが、相関があるからといって因果関係があると断じてはいけません。

　図4-3を見てください。このような関係になっていると、因果関係は「A
が大きくなるとBも大きくなる」「Aが大きくなるとCも大きくなる」ので、
BとCの間には、直接の因果関係はないのですが、当然、BとCの間にも正
の相関が生じます。このような相関を「擬相関」と言いますが、自分が知り
たい関係について、どういうメカニズムでそれぞれの変数が変化するのかを
よく考えないと、相関係数の検定結果だけから、平気で「BとCの間には因
果関係がある」と言ってしまいがちです。会社業務などに使うとき、Bが宣
伝費でCが売り上げだとすると、本当は別のA（例えば経済指標）が双方に
正の影響があるのに、宣伝費と売り上げの擬相関から、「宣伝費を増やせば
売り上げが上がる」という間違った結論を出してしまいます。この結論に基
づいて経営しても業績は上がりません。宣伝費と売り上げの相関は別の因果
関係から生じた擬相関だからです。気をつけましょう。また、因果関係を検
出する統計分析をどうやるかについては、次節以降と第6章で説明します。

【図 4-3：擬相関が現れやすい場合】

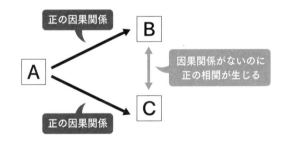

4-3. 関係の推定（回帰分析）

　さて、話を売り上げに戻しましょう。月別経済指標は、月別売り上げと強
い相関を持ちますから、この間に「因果関係が存在するかもしれない」とい
う「目安」にはなります。因果関係があるとしたら、データから見て、それ
はどんな関係なのかを調べるのが「回帰分析」という方法です。これは、デー

タから見て、片方の変数の変化により、もう片方がどれだけ変化するかを表す最も適切な関係式を決めるというものです。関係が直線的で、変数xの値によって変数y値が決まる場合、その関係は「y＝ax＋b（a、bは定数)」という1次方程式で表される直線になります。中学時代の数学でやったはずですから、皆さんが見たことはあるはずです。

　データから、この式のa、bの値を推定するのが「回帰式の当てはめ」で、aの値が有意にゼロからずれているかどうかを調べるのが、「回帰係数の傾き（＝a)」の検定です。aがゼロから有意にはずれていれば、回帰式の傾きの推定値の95％信頼区間がゼロを含まないので、xの変化に対して、yはプラスまたはマイナスの決まった量の変化をすると、$p < 0.05$のレベルと言ってよいことになります。このとき、yがxによって説明されるので、yを「従属変数」（dependent variable）、xを「独立変数」（independent variable）と呼びます。yを「応答変数」、xを「説明変数」と言うこともありますが、紛らわしいので本書では独立・従属で統一します。

　しかしこれでも、y＝ax＋bという関係が『推定』できただけなので、これが偽相関の結果現れたものか、本当に存在する因果関係なのかはわかりません。図4-3から想像されますが、たとえ擬相関であったとしても、A、Bのどちらを独立変数にとっても回帰の傾きは有意になるでしょう。ですから本当の因果関係なのかどうかを知るためには、人為的にxを変化させたときに、yの値が、回帰式の予測通りに変化するかどうかを調べる実験が必要になります。図4-3が真の関係なら、A、Bで作られた回帰式の独立変数を変化させても、従属変数は変化しないからです。

　経済指標を人為的に変化させるなど、およそ不可能ですから、ここで扱っている問題では実験は不可能でしょう。そういう時には、複数の独立変数のどれが本当に売り上げに影響しているかを、統計的にさらに分析しなければなりません。その方法は第6章で説明するとして、ここでは、経済指標と売り上げの間の回帰式をRで求め、その傾き（aの値）の有意性を検定してみましょう。

　この2つの変数の間の直線回帰式（y＝ax＋b）を求めます。売り上げ（S）は経済指標（EI）によって決まっていると考えていますから、Sが従属変数になり、EIが独立変数です。

以下のようにコマンドを入れて、ファイル4-1.会社売り上げ.csvを読み込み、下記の結果が出力されます。

```
>data<-read.csv(file.choose(), fileEncoding="CP932")
>S<-(data$Sales)
>EI<-(data$EI)
>SA<-(data$SalesA)
>SB<-(data$SalesB)

> model1<-lm(S~EI)
> summary(model1)
Call:
lm(formula = S ~ EI)
Residuals:
    Min       1Q   Median       3Q      Max
-232.650  -57.112   -6.398   99.403  147.350
Coefficients:
            Estimate  Std. Error  t value  Pr(>|t|)
(Intercept)    186.6       108.7    1.717   0.11676
EI             717.9       156.7    4.581   0.00101 **
---
Signif. codes:  0 '***' 0.001 '**' 0.01 '*' 0.05 '.' 0.1 ' ' 1
Residual standard error: 118.2 on 10 degrees of freedom
Multiple R-squared: 0.6772,     Adjusted R-squared:  0.645
F-statistic: 20.98 on 1 and 10 DF,  p-value: 0.00101
```

　コマンドの意味は、model1という変数にSのEIに対する回帰式を格納し、summary()関数で、model1の内容を表示させています。推定された回帰式は、S = 717.9 × EI + 186.6で、SのEIに対する回帰直線の傾きは717.9になり、p = 0.00101 < 0.05で有意です。つまり、EIが増えるとSも増えると、p < 0.05レベルで言ってよいことになります。Interceptはbのことで「切片」と言い、

独立変数がゼロのときの従属変数の予測値です。この場合はIntercept の値は統計的に有意ではないので、その値がゼロと有意に異なっているとは言えません。

　また、下から2行目の「Adjusted R-squared: 0.645」という値は、推定された直線式から、実際のデータがどれくらいずれているかを表す指標で、「決定係数（R2）」と呼ばれます。各データ点が完全に線に乗っていれば1.0になり、数字が1に近いほど回帰直線からのデータのずれが少ないことを意味しており、回帰式のデータへの当てはまりがよいことを示します。ちなみに直線回帰の場合、決定係数のルートを取ると、Pearson の積率相関係数になります。

　最後の行のp値は、回帰式全体の有意性を表しており、上記の例では0.00101 < 0.05ですから、この回帰式全体が統計的にp < 0.05のレベルで、「そういう関係がある」と言えるものだという意味です。相関係数が有意にならないようなx、yのデータセットでも回帰式を求めることは可能ですが、この最後のp値 > 0.05の場合は、その式のような関係が存在するとは、統計的には言えないということです。

　Rの関数lm（y~x）は、yのxに対する直線回帰（係数a、b）をデータから求めろというコマンドです。そしてカッコの中は必ず（従属変数~独立変数）と書きます。回帰は相関と違い、xとyを入れ替えると違う式になってしまうからです。ちょっとやってみましょう。

POINT
ココに
入力

```
> model2<-lm(EI~S)
> summary(model2)

Call:
lm(formula = EI ~ S)
Residuals:
     Min       1Q   Median       3Q      Max
-0.20252 -0.08553 -0.01101  0.06022  0.29748
Coefficients:
            Estimate  Std. Error  t value  Pr(>|t|)
```

```
(Intercept)   0.0364684  0.1412838    0.258    0.80155
S             0.0009434  0.0002060    4.581    0.00101 **
---
Signif. codes:  0 '***' 0.001 '**' 0.01 '*' 0.05 '.' 0.1 ' ' 1
Residual standard error: 0.1355 on 10 degrees of freedom
Multiple R-squared:  0.6772,    Adjusted R-squared:  0.645
F-statistic: 20.98 on 1 and 10 DF,  p-value: 0.00101
```

ね、全然違うでしょ？　これは図で表すと分かりやすく、次のようになります。

【図4-4：回帰でxとyを入れ替えてみる】

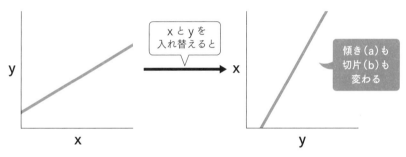

　相関は2変数の関係の強さの程度を表しているだけなので、変数を入れ替えても値は同じですが、回帰は独立変数が変わると従属変数がどれだけ変わるかという推定式ですから、軸を入れ替えると傾きも切片も変わってしまうのです。お分かりですか？　したがって、回帰は1つの従属変数と1つ（あるいはそれ以上）の独立変数間に因果関係を想定しており、その関係を表す式の推定を行っていることになるのです。また、変数を入れ替えると両者の式は異なりますが、p = 0.00101は同じです。回帰係数の検定では、データが回帰線の回りにどの程度ばらついているかに基づいて傾きの95％信頼区間が決まりますから、変数を入れ替えてもバラツキは同じなので、こうなります。

独立変数 が 複数の回帰（重回帰）

　回帰分析では、従属変数は常に1つ（ここでは会社の月別売り上げ）ですが、独立変数は複数取ることができます。独立変数が2個以上の回帰を「重回帰」と言い、例えば独立変数が2つある直線重回帰なら、次のような式で表されます。

$$y = a_1 x_1 + a_2 x_2 + b$$

　独立変数が1つなら直線ですが、これはx_1、x_2、yの直交する3軸上にできる平面を表しています。独立変数が3つ以上ある重回帰では、結果を図示するのは難しく、その回帰式は「超平面」と呼ばれますが、どれも、使った独立変数から予測されるy値を決定する式であるということに変わりはありません。また、原理的には、独立変数をいくつでも取ることが可能です。

　さて、この会社には2人の営業マンがいて、その月別の売り上げはファイル4-1.会社売り上げ.csvの通りだとします。分析を進めるために、2人（AとB）の月別売り上げを個別の変数（SAとSB）に格納してあります。まず、この2人の売り上げに相関があるかどうか見ておきます。連続変数だからPearsonの積率相関で計算します。

POINT
ココに
入力

```
> cor.test(SA,SB,method="pearson")
        Pearson's product-moment correlation
data:  SA and SB
t = -1.5041, df = 10, p-value = 0.1635
alternative hypothesis: true correlation is not equal to 0
95 percent confidence interval:
 -0.8049946  0.1916021
sample estimates:
      cor
-0.429531
```

p＝0.1635＞0.05なので、2人の月別売り上げに有意な相関はありません。これで準備完了です。

　重回帰モデルの場合、異なる独立変数間に相関があると、ほとんどの独立変数の回帰係数が有意になってしまい、どの独立変数が本当に従属変数と因果関係を持っているのかが分かりにくくなります。これを「多重共線性」と言いますが、そういう場合の対処法は第6章で説明します。

　ここでは、営業マンAとBの売り上げには相関がありませんから、多重共線性を気にする必要はありません。まず、従属変数を月別の売上高とし、独立変数として営業マンAとBの売上高それぞれを用いた単回帰モデルを計算し、検定してみましょう。

```
> model3<-lm(S~SA)
> summary(model3)
Call:
lm(formula = S ~ SA)
Residuals:
    Min      1Q  Median      3Q     Max
-230.74 -115.54  -38.03  141.22  271.85
Coefficients:
            Estimate  Std. Error  t value  Pr(>|t|)
(Intercept) 469.3073    127.8369    3.671   0.00431 **
SA            0.5208      0.3186    1.634   0.13322
---
Signif. codes:  0 '***' 0.001 '**' 0.01 '*' 0.05 '.' 0.1 ' ' 1

Residual standard error: 184.9 on 10 degrees of freedom
Multiple R-squared:  0.2108,    Adjusted R-squared:  0.1319
F-statistic: 2.671 on 1 and 10 DF,  p-value: 0.1332

> model4<-(lm(S~SB))
> summary(model4)
```

```
Call:
lm(formula = S ~ SB)
Residuals:
    Min     1Q  Median      3Q     Max
-257.10  -95.99  -12.90   24.16  313.20
Coefficients:
            Estimate  Std. Error  t value  Pr(>|t|)
(Intercept) 477.9908    89.2908    5.353   0.000322 ***
SB            0.6150     0.2559    2.403   0.037129 *
---
Signif. codes:  0 '***' 0.001 '**' 0.01 '*' 0.05 '.' 0.1 ' ' 1
Residual standard error: 165.7 on 10 degrees of freedom
Multiple R-squared:  0.366,   Adjusted R-squared:  0.3027
F-statistic: 5.774 on 1 and 10 DF,  p-value: 0.03713
```

　上記分析から分かるように、営業マンBの売り上げは、会社全体の売り上げに有意に正の回帰係数を持ちますが、営業マンAの売り上げに対する回帰係数は有意になりません。では、Bの成績で会社全体の売り上げがほぼ決まっていると言ってよいのでしょうか。いいえ、前の分析では、経済指標（EI）が会社の売り上げと有意な正の回帰係数を示しましたから、会社の売り上げが営業マンBの成績だけで決まっているとは言い切れません。また、2人の営業マンの成績を用いた回帰では、どちらも切片が有意になっており、これは、使った独立変数ではない変数が、従属変数に影響を与えていることをほのめかしています。予想されることとして、経済指標と、各営業マンの成績全てが会社の売り上げに影響しているだろうということです。

　経済指標、営業マンAの成績、Bの成績という3つを用いた重回帰をやってもいいのですが、重回帰を使って正しい結果が出るためには、複数の独立変数間には相関がない、ということが満たされていないとダメでした。そこで、月別の経済指標（EI）、営業マンAの成績（SA）、営業マンBの成績（SB）の間の相関係数を計算したのが表4-1です。

【表 4-1：3 つの独立変数候補間の Pearson の積率相関】

	EI	SA	SB
EI	-	0.3689139	0.5059083
SA	-	-	-0.429531
SB	-	-	-

※無印は有意ではないことを示す。

　相関は変数を入れ替えても同じ値ですから、表の右上側だけ値を入れてあります。また、自身との相関は必ず1になりますから省いてあります。

　さて、月別売上高（S）に、EI、SA、SBのどれが、どのような有意な関係を持っているかを回帰分析によって調べたいのですが、表4-1の通り、3つの独立変数間に有意な相関がないので、そのまま重回帰を行えます。特定の変数間に相関が認められる場合は、第6章で説明する方法を用いてください。

　前にやった単回帰分析から、EIとSBはSに対し有意な正の傾きを示し、SAは有意ではありませんでした。月別の売り上げ（S）は両営業マンの売り上げの合計S＝SA＋SBなので、重回帰を取るときにこの両変数をともに入れると、必ず両方有意にになってしまい、何も分からないということになります。EIがSに有意な正の回帰係数を持つことは分かっていますから、ここで調べたいことは、SB、SAがEIを考慮したときにもSに影響を与えているのか、ということです。したがって、S~EI＋SAとS~EI＋SBの2つの重回帰分析をやってみます。

```
> model5<-lm(S~EI+SA)
> summary(model5)
Call:
lm(formula = S ~ EI + SA)
Residuals:
    Min      1Q   Median      3Q      Max
-194.839  -41.356    8.492   77.507  164.714
Coefficients:
```

```
               Estimate Std. Error t value Pr(>|t|)
(Intercept) 150.2660    116.2932    1.292    0.2285
EI          659.9195    169.8423    3.885    0.0037 **
SA            0.2042      0.2208    0.925    0.3792
---
Signif. codes:  0 '***' 0.001 '**' 0.01 '*' 0.05 '.' 0.1 ' ' 1
Residual standard error: 119.1 on 9 degrees of freedom
Multiple R-squared:  0.7052,    Adjusted R-squared:  0.6397
F-statistic: 10.77 on 2 and 9 DF,  p-value: 0.004098
```

EIだけが有意な正の効果を持ち、SAはSの予測に有意に貢献していません。ではSBはどうでしょうか。

```
> model6<-lm(S~EI+SB)
> summary(model6)

Call:
lm(formula = S ~ EI + SB)
Residuals:
     Min      1Q  Median      3Q      Max
-220.406  -45.364  -7.029  55.527  171.194
Coefficients:
               Estimate Std. Error t value Pr(>|t|)
(Intercept) 184.3101    105.7322    1.743    0.11527
EI          605.9519    176.7435    3.428    0.00753 **
SB            0.2578      0.2060    1.252    0.24228
---
Signif. codes:  0 '***' 0.001 '**' 0.01 '*' 0.05 '.' 0.1 ' ' 1
Residual standard error: 115 on 9 degrees of freedom
Multiple R-squared:  0.7251,    Adjusted R-squared:  0.664
F-statistic: 11.87 on 2 and 9 DF,  p-value: 0.002995
```

やはり、EIのみが有意な正の効果を持ち、単回帰のときにはあったSBの有意性は消えてしまいました。また、lm（SA~EI）とlm（SB~EI）をやってみると、前者の回帰係数のp値＝0.238で有意ではなく、後者はp値＝0.093で有意ではありませんが、SAよりは有意に近くなります（Summary（）は省略します）。

　これらの結果をどう解釈したらいいのでしょうか。分析の結果は、単回帰のときにあったSとSBの回帰の有意性は、EIの影響を考慮していないために現れた一種の擬回帰で、SBの影響は、EIを考慮した重回帰を取るとEIの影響に比べると些細なもので、Sに有意な影響を与えてはいないということでしょう（図4-5参照）。重回帰分析を行うと、それぞれの独立変数が従属変数に対してどのような影響を与えているのかの構造が分かりやすくなるわけです。

【図4-5：EI、SA、SB、S の間に想定される因果関係】

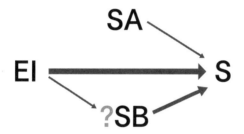

　会社業務などでは、人事評価も行わなければなりません。両営業マンがそれぞれ努力しているとしても、単回帰の結果だけを基にBの査定を高くし、Aの査定を低くしては公平な査定とは言えないでしょう。正しく評価するためには、EIの影響を取り除いたときに、A、Bのどちらの成績が売り上げに貢献しているのかを、より高度な回帰分析を使って調べなければなりませんが、その説明は第6章ですることにします。つまり、図4-5のような因果関係のどの矢印が本当に存在するのかを調べるということです。

2つの回帰線の傾きの差の検定

2人の生徒A、Bのテスト前日の勉強時間と、テストの成績データがある
とします（ファイル4-2.勉強時間と点数.csv）。このとき、1）勉強時間はテ
ストの成績に正の効果を持つか、2）A、Bのどちらが勉強時間に対して成
績の上がり方が早いかを知りたいとします。まず、2人の勉強時間と得点の
関係を図4-6にプロットしてみます（「散布図」といいます）。最近の学生さ
んの多くは、データ間の散布図を書かずにいきなり統計分析にかけてしまい
がちですが、散布図からパターンが読み取れることは非常に多いので、皆さ
んには、散布図の作成は分析の始まりだと思っていただきたいです。

【図4-6：生徒2人のテスト前日の勉強時間と成績の関係】

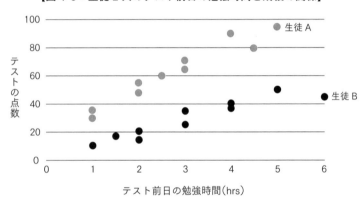

2人とも、勉強時間が長くなるのに伴って成績も上がっているように見え
ますが、1）それが本当か、そして、2）2人の勉強時間に対する点数の上が
り方は同じなのかは、検定をかけてみないと分かりません。前者は、2人の
勉強時間と点数の関係を回帰分析すればよいので、次のように実行できます。

まず、ファイル4-2.勉強時間と点数.csvを読み込んで、各変数を別名で格
納します。

```
data<-read.csv(file.choose(), fileEncoding="CP932")
STA<-(data$StudytimeA)
```

```
STB<-(data$StudytimeB)
PA<-(data$pointA)
PB<-(data$pointB)
```

　次に、生徒A、Bそれぞれについて、勉強時間に対する成績の回帰を取ってみます。

```
> model7<-lm(PA~STA)
> summary(model7)
Call:
lm(formula = PA ~ STA)
Residuals:
    Min      1Q  Median      3Q     Max
-9.0263 -2.3816 -0.6053  3.7237  8.6579
Coefficients:
            Estimate  Std. Error  t value  Pr(>|t|)
(Intercept)   19.868       4.111    4.833    0.0013 **
STA           15.368       1.330   11.553  2.86e-06 ***
---
Signif. codes:  0 '***' 0.001 '**' 0.01 '*' 0.05 '.' 0.1 ' ' 1
Residual standard error: 5.501 on 8 degrees of freedom
Multiple R-squared:  0.9435,    Adjusted R-squared:  0.9364
F-statistic: 133.5 on 1 and 8 DF,  p-value: 2.862e-06

> model8<-lm(PB~STB)
> summary(model8)
Call:
lm(formula = PB ~ STB)
Residuals:
    Min      1Q  Median      3Q     Max
-7.5961 -2.8597  0.3208  3.0187  6.8208
```

```
Coefficients:
            Estimate Std. Error t value Pr(>|t|)
(Intercept)    3.762      3.543   1.062    0.319
STB            8.139      1.013   8.032 4.24e-05 ***
---
Signif. codes:  0 '***' 0.001 '**' 0.01 '*' 0.05 '.' 0.1 ' ' 1
Residual standard error: 4.863 on 8 degrees of freedom
Multiple R-squared:  0.8897,   Adjusted R-squared:
0.8759
F-statistic: 64.51 on 1 and 8 DF,  p-value: 4.244e-05
```

　どちらの生徒も、回帰係数は正で有意ですが、傾きの大きさの値は15.368
＞8.139とかなり差があります。しかし、これが有意に違うのかどうかを知
るためには、別の検定をかけなければなりません。
　2つの回帰線の傾きの差の検定には「共分散分析（ANCOVA）」がよく使
われます。例によって原理は説明しませんが、実行は簡単です。下のコード
をRコンソールに貼り、ファイル4-3. 勉強時間と点数for2slopes.csvを開い
てください。

```
# 2回帰曲線の傾きの検定法
data<-read.csv(file.choose(), fileEncoding="CP932")
g.dat <- as.factor(rep(c(1, 2), c(10,10)))
x.dat <-(data$Studytime)
y.dat <- (data$Point)
mydata <- data.frame(Y = y.dat, X = x.dat, group = g.dat)

two.slope <- function(dat){
attach(dat)
Y1 <- Y[group==1]
X1 <- X[group==1]
Y2 <- Y[group==2]
```

```
X2 <- X[group==2]

model1 <- lm(Y1 ~ X1)
model2 <- lm(Y2 ~ X2)

m1.resid <- sum(resid(model1) ^ 2)
m2.resid <- sum(resid(model2) ^ 2)
SSr <- m1.resid + m2.resid

y1.M <- mean(Y1)
y2.M <- mean(Y2)
x1.M <- mean(X1)
x2.M <- mean(X2)

sum1 <- sum((X1 - x1.M) * (Y1 - y1.M))
sum2 <- sum((X2 - x2.M) * (Y2 - y2.M))
sum3 <- sum((X1 - x1.M) ^ 2)
sum4 <- sum((X2 - x2.M) ^ 2)
b <- (sum1 + sum2) / (sum3 + sum4)
a1 <- y1.M - b * x1.M
a2 <- y2.M - b * x2.M
sig1 <- sum((Y1 - (a1 + b * X1)) ^ 2)
sig2 <- sum((Y2 - (a2 + b * X2)) ^ 2)
SSrb <- sig1 + sig2

m <-length(Y1)
n <-length(Y2)
DF2 <- m + n - 4
Fb <- (SSrb - SSr) / (SSr / (DF2))
pb <- 1 - pf(Fb, df1 = 1, df2 = DF2)
```

```
cat("F = ", Fb, "\n")
cat("p = ", pb, "\n")

detach(dat)
}
two.slope(mydata)
```

　ここまでを入力し、実行すると、最後のtwo.slope（mydata）以下に数字が入り、これが結果です。

```
F =   19.02817
p =   0.0004838556
```

　$p = 0.000483556 < 0.05$ ですから、2本の回帰直線の傾きには高度な有意差があり、生徒Aの方が短い勉強時間で高得点が取れることが分かります。F $= 19.02817$ は、2本の直線式とその回りのデータのバラツキ具合から計算された「F統計量」というもので、この値がある程度大きければ、2本の直線の傾きは有意に違うと言えるわけです。もちろん、F統計量が作るF分布の面積の95％よりはずれた部分に計算されたF値が入る場合に有意差がある、と判定されます（頻度主義統計の原理）。

　コマンドが長いですが、上のコマンドはANCOVAを実行するためにRの言語で記述されたANCOVA実行プログラムの一例なのです。anova（）を利用したやり方（例：https://clover.fcg.world/2016/04/06/3181/）などもあるので、自分で調べて分かりやすい方法を使ってください。自分で探して実行し、結果を比較してみるのもよいでしょう。

　Rは統計解析ソフトとして有名ですが、その実態はプログラム言語であり、内蔵する統計解析関数（t.test（）など）は、上記のようにその検定を行うための内蔵されたプログラムを呼び出す関数であり、内蔵していない統計処理を行うための「パッケージ」と呼ばれるものは、フリーウェアであるR言語を使って、世界中の様々な人が作成した、特定の統計処理を実行するためのプログラムなのです。前に出てきたパッケージexactRankTestsも、Mann-

WhitneyのU検定で順位にタイがあるときに、それを補正して正確なp値を計算するために作られたプログラムの名前で、Rのサイトにはこうした様々なパッケージが保管してあり、必要に応じて好きな物をインストールして使うことができます。

　これは、Rが「完全に自由で無保証」なプログラム言語なのでできることであり、まさに、Rがオンラインで公開されているからこそできる、世界中の人々の「集合知」になりますが、それゆえ、それが正確に検定を行っているのかは保証されていません。ですから、しばらく前まではRによって統計処理をかけた論文は、科学論文の雑誌では採択しないという場合が多かったものです。

　しかし、企業が出している有償の統計解析ソフト（SASやJMPなど）は一般に数十万円もする高額な物が多く、利便性もできる検定の種類も、Rに比べるとはるかに見劣りする物が多かったので、今では科学論文でも「Rを使って統計をかけた」と書いておけば問題になりません。「三人寄れば文殊の知恵」で、世界中の統計に詳しい人が寄ってたかって作り上げたR帝国は、統計分析の標準ツールとなっているのです。

　また、Rを長時間使い続けていると「こんな値になるはずがない」というようなp値が出ることがあります。Rでは、p値の最低値はp < 2e-16で、これ以下の場合はいつもこのように表示されます。しかし、どう見てもそんなに高度な有意差が出るはずがないデータセットでも、この値が表示されることがありました。原因は不明ですが長時間使っていると、Rが計算中に仮に記録した計算用の数値が内部で消去されずに次の計算プロセスに行くため、このようなことが起こるのではないかと思われます。そのときは、一度Rをシャットダウンして再度立ち上げ、再解析したところ、納得のいく数値が得られました。Rは便利ですが、「完全に無保証」なので、その結果には使用者が責任を持つ必要があります。「どうもおかしい」と思ったときは、再起動してやってみたり、あるいはExcelを含む他の統計解析ソフトの結果とつきあわせてみて、数字が一致すれば問題はないはずです。

　閑話休題。例では、2人の生徒の勉強時間と獲得得点の関係を見て、2人の能力の差（勉強時間に対する得点獲得率）を比較しましたが、もし、このデータが、同じ生徒が同じ科目（例えば数学）を2人の別の先生に教わった

時間と、そのときの得点のデータだとすれば、先生Aの方が先生Bよりも教える能力が高い、と言うことができるでしょう。相関や回帰は使い方さえ間違えなければ、いろいろと応用が利きますので、皆さんの専門分野で活用してみてください。

4-6. 一般化線形モデル（Generalized Linear Model: GLM）による回帰

今までの例では、独立変数の変化に対する従属変数の変化の形は「直線的」である、という前提の下で回帰係数を求めました（「直線回帰」と言います）。しかし、変化関数の形が直線であるとは限りません。そのため、どのような曲線でも扱える一般化線形モデル（GLM）による回帰という手法が近年使われるようになっています。RはGLMに関しての関数も内蔵しており、簡単に使うことができます。

例えば、図4-7のような、明らかに直線関係ではないものに直線回帰を使うと、有意になるかもしれませんが、その予測力は下がるでしょう。こういう場合にGLMは威力を発揮します。

【図 4-7：直線関係ではない因果関係】

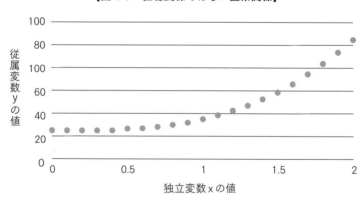

GLMに使う分布の選び方

GLMを使う上で重要なことは、従属変数の誤差による真の因果関係からのずれがどのような分布をしているかあらかじめ指定する必要があるということです。

図4-8を見てください。X値に対するY値が、真の因果関係に完全に乗っていれば、全ての測定点は、青の実線の上に乗るはずですが、様々な原因によって、実際の測定点は真の関係が予測する点から上下にずれてしまいます。このずれ方がどういう分布をしているかを決め、GLM分析の書式に書き込む必要があるのです。

【図4-8：曲線の因果関係を持つ x と y の、真の因果関係の線と測定されたデータ点の例】

様々な要因により、実測値はy軸方向にずれを見せる。このずれ（誤差）の分布（x値3のところの右向きの山の形）が、GLM分析をする時に必要になる分布。

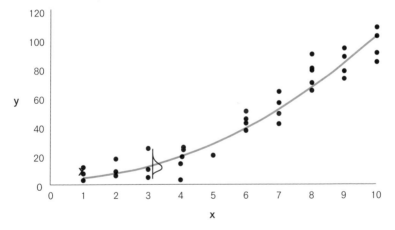

GLMを使うときは、従属変数の誤差の分布型を必ず指定する必要があり、分析前にそれを決めておく必要があります。簡単に推定できる方法があればよいのですが、そう簡単にはいきません。まず、自分が扱っている従属変数Yの値を、想定されるxへの対応値からずらす要因を考え、それがもたらす誤差がどんな分布になるかが予想できる場合は、それを使うのが無難です。

例えば、x軸が1日の日照時間で、y軸の値はある植物のその時の伸びた長

さだとすると、そういう「量」は、様々な要因によって正規分布をすることが知られていますから、正規分布を使えばよいでしょう。x軸が葉の枚数でy軸が実った実の数だとすると、両方離散変数なので、x点ごとのy値の分布を調べ、その形からx軸に離散変数しか取れないポアソン分布や負の二項分布（P.114参照）などを使うべきでしょう。

　どの分布が適当なのかを簡単に知る方法はありませんが、何とか工夫してみましょう。サンプル数が多い場合には、特定のx値またはx値の非常に狭い範囲のy値の頻度分布を取って、その形を見てみると参考になります。例えば、x値4と7のときのy値の頻度分布が図4-9のようだったとしたら、y値の誤差は正規分布するものと予想できますから、それぞれの群の平均値を中心に切れ目まででデータを分け、逆側も同じx値の幅を取り、その間のデータに、Sapiro-Wilk検定を使って正規性の検定をかけてみるとよいでしょう。もちろん、p > 0.05ならGLMで正規分布を指定すればいいでしょう（Rではガウス分布：使える分布の簡単な説明と表記はP.113 ～ 114でします）。

【図 4-9 ：GLM 分析をしたいデータの、x 値ごとの y 値の頻度分布】

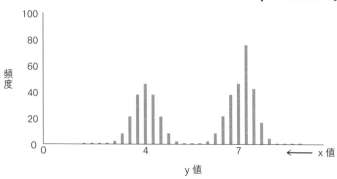

　図4-9のように、特定のx値（あるいはごく狭い範囲のx値の範囲）ごとのy軸方向のずれが独立した分布群として認められるときには、その形と、GLMに使用できる各分布形（図4-10参照）を比べて、使う分布を選ぶことができるでしょう。

　各x値に対するy観測値の分布が離散群になるときのもう1つのやり方は、分布の切れ目ごとのx値を全て同じ幅になるように変換して、分布を重ねてその形を見ることです。このやり方は、特に1つのx値に対する測定y値が

少ない場合には有効だと考えられます。

　図4-10を見てください。4a、4b、4cはそれぞれ異なるx値について観察されたy値の頻度分布ですが、1つのx値に対するy値のデータ数が少ないので、それぞれの分布を見てもy値の誤差分布の形はよくわかりません。しかし、真の関係のx値のどの点でもy値の誤差分布の形が変わらなければ（GLMはそのことを前提として回帰線の計算をしています）、各x値に対するy値のバラツキのスケールを全部合わせて分布を重ねると、y値の誤差分布になるはずです。

　スケールを合わせるには次のようにします。例えば、x値1のy値は1〜2の範囲を取り、x値2のy値は2〜4を取っていたとしたら、後者のy値を最小値1、最大値2の範囲に変換します。この例なら後者のy値を2で割れば変換できるはずです。それから、変換したy値を含む全てのy値に対して区分を設け、頻度分布を表示させます。この図はExcelで作図したものを使っていますが、y値のスケールを合わせたデータを縦に繋ぎ、csvファイルで保存してからRで読み込み、変数に格納してからhist（変数名）でRに書かせることもできます。

【図 4-10：3 つの x 値に対する y の観測値のスケールを合わせて、y の誤差分布形の参考にする】

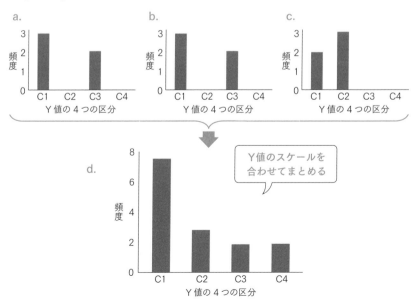

この例では、全てのデータを合わせた4dは右下がりの分布になっており、このデータのGLM分析で指定する分布はこの形を取る逆ガウス、ガンマ、ポアソン、負の二項分布などから、y軸が取る値の種類（連続変数か離散変数か、マイナスの値を含むか）を考えて、適切な分布を使えばよいでしょう。

　RがGLM用にデフォルトで持っている分布は以下の通りです（各分布の形は図4-11a~fを参照）。さらに、よく使う分布に負の二項分布というものがあり（図4-11f）、MASSというパッケージをインストールしておくと使えるようになります。各分布の説明を簡単にしておきます。

　注意点が1つあります。GLMで使う分布は図4-8のようにy値のy軸方向に沿った観測値に含まれる誤差の分布ですが、下記の説明は各分布の横軸x、縦軸yの時の一般的特徴を述べていますから、下記説明中のx軸は、GLMで分析したいデータのy軸になり、現実のデータに対しては、y値が取る値が連続変数か離散変数かが分布選択の基準になります。その上で、y軸方向へのy値のバラツキの頻度分布がどのような形をしているかを前述した方法で調べ、適切な分布を使えばいいでしょう。

　例えば果樹栽培で、y軸がxの条件ごとに実った果実の数だとすると、1個、2個としか数えられないのでy軸方向のデータのバラツキも整数になります。このデータのy軸方向のデータ分布が右下がりになれば、使うべき分布は負の二項分布、ガンマ分布などで、左右対称の釣鐘型になればガウス分布やポアソン分布といった左右対称形になる分布が適切です。複数の分布が当てはまりそうなときは、それぞれの分布を当てて分析し、モデル評価のパラメータを計算させ、その比較によりモデルを選択します。どう評価するかは後ほど説明します。

1）二項分布（binomial distribution）：裏／表のように、二値しか取らない事象を従属変数として分析するときに使う。二値のうちどちらが出るかの確率と試行回数により分布の形は変わるが、いつも左右対称。y軸は0／1の二値変数。x軸は0〜nの整数を取る。

2）ガウス分布（gaussian distribution）：正規分布のような、x軸が連続変数で左右対称になる釣り鐘型の分布。y値の誤差が正規分布する場合はこれ

を選べばよいでしょう。x軸は－∞～＋∞の連続変数。

3）ガンマ分布（Gamma distribution）：分布型は、パラメータによって右に尾を引いた分布から、左右対称に近づく（図4-11c参照）。x軸は0より大きい連続変数。

4）逆ガウス分布（inverse gaussian distribution）：正の実数である連続確率変数が従う分布。分布型は右に尾を引いた左右非対称な形。x軸は0より大きい連続変数。

5）ポアソン分布（poisson distribution）：x軸の値は0～∞の整数で、縦軸はあることが生じる確率。x軸の値は0～∞の整数。分布型は右に尾を引く分布からデータ数が多くなるにつれ左右対称の釣鐘型分布に近づく。

6）quasi：xに対してy値の頻度分布を見ても分布型がよくわからないときに、モデルの記述式中でfamily = quasiと指定すると当てはまりそうな分布を推定し、それ使って計算を実行してくれます。ただし、計算されたモデルの評価に使う指標が、他の分布を使ったものよりよいとは限りません（後段参照）。

【図4-11：RのGLMで、デフォルトで使える各分布の形】

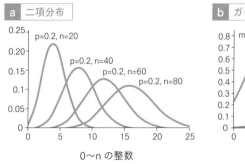

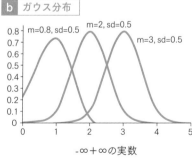

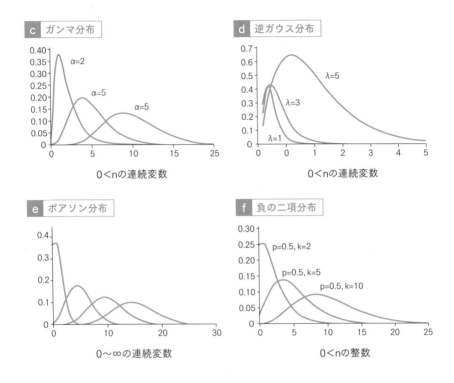

もう1つ、デフォルトには含まれていませんが、よく使う分布に「負の二項分布: negative binomial distribution」があります（図4-11f）。x軸は試行した回数（＝0を含む整数）、縦軸はそれが起こる確率になります。MASSというパッケージをインストールしておくと簡単に使えるようになります。

どの分布を用いるかは、GLM分析の結果に大きく影響を与えます。適切でない分布を使うと、モデルの予測力や当てはまりが悪くなり、良い回帰モデルとは言えなくなります。ですから、前述したような何らかのやり方で分析する前に、使う分布の見当をつけておく必要があります。

4-6-2. GLM分析

適切な分布を使わないとよいモデルを得ることができないことを例とし

て示します。ファイル4-4. Y＝X^2＋3 正規分布誤差.csvを開いてデータを格納します。このファイルには、1〜10までの10個のxに対してy＝x^2＋3の関数に従うYと、y軸方向に正規分布をするような誤差を持つyの観測値（ny）が、各x値について20個ずつ入っています。図4-12aにデータの散布図、4-12bにy値の観測値を示します。

【図4-12：y＝x^2＋3に従うデータの観測値の散布図とy値の観測値】

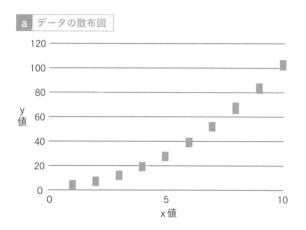

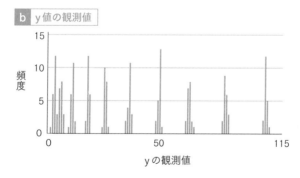

これを見ても、回帰は曲線になることと、y値の誤差構造は正規分布であることが見て取れます。確かめてみるには、分布群のデータを切り出してRでShapiro-Wilk検定［Shapiro.test（x）］をかけてみるとよいでしょう（実際にはかけてあり、どの分布群も正規分布と有意な差はありません）。

さてこのデータに、y値が整数でなくてもよいガウス分布、逆ガウス分布、

ガンマ分布でGLMをかけてみます（GLMで使う分布はあるx値に対するy値の分布ですから、y値が整数なのか小数点以下を含むのかを分布選択の基準にします）。

まずは、ファイル4-4. Y = X^2 + 3 正規分布誤差.csvからのデータの読み込みと、変数の格納を行います。

```
> data<-read.csv(file.choose(), fileEncoding="CP932")
> x<-(data$X)
>ny<-(data$Y)
```

ガウス分布、逆ガウス分布、ガンマ分布の順にGLMを行います。

```
> model9<-glm(ny~x,family=gaussian(identity))
> summary(model9)
Call:
glm(formula = ny ~ x, family = gaussian(identity))
Deviance Residuals:
    Min     1Q  Median     3Q     Max
     -8     -6      -2      4      12
Coefficients:
            Estimate  Std. Error  t value  Pr(>|t|)
(Intercept) -19.0000     1.1155    -17.03   <2e-16 ***
x            11.0000     0.1798     61.18   <2e-16 ***
---
Signif. codes:  0 '***' 0.001 '**' 0.01 '*' 0.05 '.' 0.1 ' ' 1
(Dispersion parameter for gaussian family taken to be
53.33333)
    Null deviance: 210210  on 199  degrees of freedom
Residual deviance:  10560  on 198  degrees of freedom
AIC: 1366.9
Number of Fisher Scoring iterations: 2
```

```
> model10<-glm(ny~x,family=inverse.gaussian(identity)) 🔖
> summary(model10) 🔖
Call:
glm(formula = ny ~ x, family = inverse.gaussian(identity))
Deviance Residuals:
    Min       1Q    Median       3Q      Max
-0.11451  -0.03581   0.02190   0.05030   0.07081
Coefficients:
            Estimate Std. Error t value Pr(>|t|)
(Intercept)  -2.4296     0.2229  -10.90   <2e-16 ***
x             6.2361     0.1807   34.51   <2e-16 ***
---
Signif. codes:  0 '***' 0.001 '**' 0.01 '*' 0.05 '.' 0.1 ' ' 1

(Dispersion parameter for inverse.gaussian family taken
to be 0.003568081)
    Null deviance: 8.09966  on 199  degrees of freedom
Residual deviance: 0.67622  on 198  degrees of freedom
AIC: 1414.4
Number of Fisher Scoring iterations: 9

> model11<-glm(ny~x,family=Gamma) 🔖
> summary(model11) 🔖
Call:
glm(formula = ny ~ x, family = Gamma)
Deviance Residuals:
    Min       1Q    Median       3Q      Max
-1.00855  -0.35508   0.08359   0.38483   0.45179
Coefficients:
            Estimate Std. Error t value Pr(>|t|)
(Intercept) 0.082047   0.003004   27.32   <2e-16 ***
```

```
x          -0.007539  0.000321  -23.49   <2e-16 ***
---
Signif. codes:  0 '***' 0.001 '**' 0.01 '*' 0.05 '.' 0.1 ' ' 1
(Dispersion parameter for Gamma family taken to be
0.1739886)
    Null deviance: 171.13  on 199  degrees of freedom
Residual deviance:  45.90  on 198  degrees of freedom
AIC: 1606
Number of Fisher Scoring iterations: 5
Call:
glm(formula = ny ~ x, family = Gamma)
Deviance Residuals:
    Min       1Q    Median       3Q       Max
-1.3048  -0.3551   0.1184   0.3789   0.4794
Coefficients:
              Estimate Std. Error t value Pr(>|t|)
(Intercept)  0.0814219  0.0029685   27.43   <2e-16 ***
x           -0.0074751  0.0003175  -23.55   <2e-16 ***
---
Signif. codes:  0 '***' 0.001 '**' 0.01 '*' 0.05 '.' 0.1 ' ' 1
(Dispersion parameter for Gamma family taken to be 0.172117)
    Null deviance: 170.128  on 199  degrees of freedom
Residual deviance:  45.982  on 198  degrees of freedom
AIC: 1608.5
Number of Fisher Scoring iterations: 5
```

どのモデルの回帰係数も高度に有意ですが、こういう時に、どのモデルを選ぶべきかには基準があります。

1）使用した分布の適切性を評価する。

使用した分布が従属変数の分布を正しく表しているか？　上記説明とうま

く合致しているか？　ということです。分布により、独立変数が1、2、3の
ような不連続変数しか使えなかったり、連続変数も使えたり、0を含まない
正の整数しか使えなかったりしますので、使った分布の形とデータ従属変数
の分布型がどの分布に最も合っているのかを調べます。この例ではどちらの
分布を使っても良いように見えます。

2）AIC、BICの比較をする。

　使った分布が問題ない場合、summary（）関数により出力されたモデルの
記述のうち、下から2行目に表示されているAICという値を候補モデルの間
で比較します。この値が小さい方がより良いモデルです。AICとは「赤池の
情報量規準（Akaike's Information Criterion）」という指標で、用いた独立変
数がどのくらい効率よく従属変数を説明しているのかを表す指標です。この
本では、基本的に原理は説明しないので、定義等は自分で調べていただけれ
ば良いと思いますが、AICが小さいほど、そのモデルは、使った独立変数で
従属変数を効率よく説明していることを表しています。注意点は、xやyを
生データのままモデル内で使う場合とlog変換などを施して使う場合では、
回帰式推定に使う独立変数・従属変数などのパラメータの相同性がなくなり
ますから、AICを直接比較できなくなることです。

　直線回帰のところで、決定係数（R^2）という数字を紹介しましたが、それ
は予測される回帰線からデータがどの程度ばらついているかを表す指標でし
た。「モデルの実データへの当てはまりの良さ」という観点からは、これを使っ
てモデル選択をすればよさそうなのに、なぜAICを使う必要があるのでしょ
うか？　図4-13を見てください。

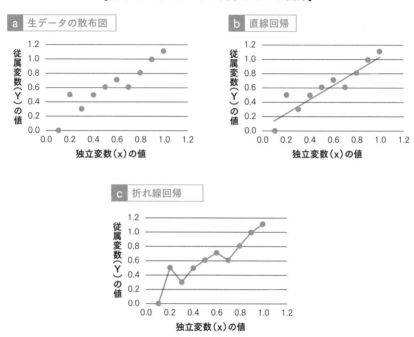

【図4-13：aのデータに対する2つの回帰】

a　生データの散布図

b　直線回帰

c　折れ線回帰

　例えば、図4-13aは、独立変数 x の値に対して従属変数 y の値をそのまま
プロットした散布図で、bは前に説明した直線回帰を取ったもの、cは各点
の間をつなぐ直線式を複数つないだ折れ線で回帰したものです。直線回帰の
場合、データの回帰モデルへの当てはまりの良さは、前に説明した決定係数
で表されますが、cの折れ線モデルは全てのデータ点を通りますから、回帰
式からのデータのずれは全くなく、決定係数は1.0です。しかしBの直線回
帰はずれがありますから、必ず決定係数＜1.0になり、「データの当てはま
りの良さ」という観点からはcの折れ線モデルの方が良い回帰です。しかし、
Bの回帰線はax＋bという、独立変数xと定数a、bのたった3つのパラメー
タで記述されていますが、cの方は直線が9本あるので、記述するためにはa、
bがそれぞれ9個ずつ必要になります。
　このような場合、AICを計算すると直線回帰＜折れ線回帰になり、直線回
帰の方が、少ないパラメータで効率よくデータを説明する「良い」回帰であ
ると判定することができるのです。実用的には、厳密な予測を必要とする場

合には4-13cのモデルを、少ないパラメータから効率よく関係を把握したい場合には4-13bのモデルを採用するべきでしょう。

　どんなデータでもパラメータの数を無限に増やしていいのなら全部の点を通る回帰式を出せるので、決定係数を必ず1.0にすることができますが、「少ないパラメータで、従属変数を効率よく説明しているか」という観点からは、もっとシンプルなモデルの方がよいでしょう。それを判定するのがAICで、特別に厳密性を要求される場合以外には、複数の回帰モデルの候補があるときはAICが最も低いモデルを選ぶべきです。

　このデータの分析結果に適用してみると、各モデルのAICは、ガウス分布（1366.9）＜ 逆ガウス分布（1414.4）＜ ガンマ分布（1606.0）となり、この基準では、ガウス分布（正規分布）を用いたモデルが一番いい成績です。

　もう1つの基準に「BIC（ベイズ情報量基準：Bayesian Information Criterion)」があり、計算できるモデルに制限がありますが、Rでも計算できます。AICが「最も効率のよいモデル」を選ぶ基準なら、BICは「最も真のモデルに近いモデルを選ぶ」ための基準なります。シミュレーションを用いた比較では、データ数が多いほどBICは「真のモデル」を選ぶか確率が高くなることが分かっています。ここでも、自分の目的に合わせてモデル選択の基準を決めればいいでしょう。とりあえず、上の3つのモデルについてBICを計算させて比較してみると、

```
> BIC(model9,model10,model11)
          df      BIC
model9    3   1376.773
model10   3   1424.287
model11   3   1615.890
```

　このようになり、やはりガウス分布を使ったものが一番低くなります。

3) dispersion parameter を比較する。

　もう1つ別の尺度として、dp（分散パラメータ：dispersion parameter）という指数があり、回帰線からの現実のy値のズレが、回帰線の95％信頼区間

の中にどの程度予測通りに散らばっているかを表す指数です。dp＝1のとき
は予想通りに散らばっており、dp＞1のときは予想よりも大きくばらついて
おり、dp＜1のときは予測より小さなバラツキが観測される、というもので
す。dp＞1のときを「過大分散（over dispersion）」、dp＜1を「過少分散（under
dispersion）」と言い、あまりにもdpが過大、過少な時は、使う分布や回帰
式の作り方（直線回帰、GLM、多項式回帰など）を考え直すべきとされて
います。目安としてdp＜1.5くらいなら問題はないとされていますが、それ
より大きい場合はあまり良いモデルとは言えませんから、モデルの再構築を
含めた修正をした方がいいでしょう。過小分散のときは、違う分布を使って
みることくらいしか対応策がありません。Rでは以下の書式で計算でき（他
のモデルについて計算させるときは、下の書式のmodel1を計算させたいモ
デル名に書き換えてください）、それに基づいてmodel9について計算させた
結果を下に示します。

```
> dp<-sum(residuals(model9,type="pearson")^2)/model9$df.
res
> print(dp)
[1] 53.33333
```

　各モデルのdpは、ガウス分布GLM（53.062：極めて大きな過大分散）、
逆ガウス分布GLM（0.00357：極めて大きな過少分散）、ガンマ分布GLM
（0.174：大きな過少分散）になります。
　正規分布の誤差を持つと分かっているデータセットなのに、正規分布を
使ったGLMのdpがなぜこんなに大きくなるのでしょうか。それはおそら
く書式＞model9＜-glm（ny~x,family＝gaussian（identity））中のgaussian
（identity）のカッコ内のidentityの指定に問題があると思われます。
　このカッコ内の文字は「リンク関数」と呼ばれ、それぞれの分布を使った
時に、y値をどのように扱うかを指定しています。例えばidentityはそのま
まの値を使って計算せよ、logならy値をlog変換して計算せよ、inverseなら
逆数変換して計算せよ、という意味です。分布により使えるリンク関数は違
うので、この他のリンク関数については、使う時に逐次述べます。詳しく知

りたい方はhttp://cse.naro.affrc.go.jp/takezawa/r-tips/r/72.htmlを見ると参
考になります。

　さて、gaussian（identity）を指定すると、それは直線回帰を取るのと同じ
ことになるのです。上のデータをglm（gaussian（identity））とlm（）で計
算させた回帰係数と切片だけを示します。

	回帰係数	切片
glm()	11.0000***	-19.0000***
lm()	11.0000***	-19.0000***

*** は p<0.001 であることを示す。

ね、まったく同じになります。しかし、図4-8を見れば分かるように、こ
のデータはどう見ても直線関係ではなく、むしろ指数や2次関数であるよう
に見えます。glm（gaussian（identity））でやってしまうと直線回帰になるの
で測定値が回帰式の線から大きく離れ、dpが大きくなってしまうと考えら
れます。

　ではどうしたらいいのか？　GLMも万能ではありませんから、図4-8の
パターンから読み取れる関係である、指数関数と2次関数で回帰してみま
しょう。

　指数増加する関係に関してよく使われるのは、両軸のデータをlog変換し
て、直線回帰を取る方法です。まずはそれをやってみます。x、yをR上で
log変換します。

POINT
ココに
入力

```
> lny<-log(ny)
> lx<-log(x)
> model10<-lm(lny~lx)
> summary(model10)
Call:
lm(formula = lny ~ lx)
Residuals:
     Min      1Q   Median      3Q     Max
```

```
 -0.39923 -0.12573 -0.01392  0.11833  0.57449
Coefficients:
              Estimate   Std. Error  t value  Pr(>|t|)
(Intercept)  1.08751    0.02914     37.32    <2e-16 ***
lx           1.46695    0.01752     83.72    <2e-16 ***
---
Signif. codes:  0 '***' 0.001 '**' 0.01 '*' 0.05 '.' 0.1 ' ' 1
Residual standard error: 0.1723 on 198 degrees of freedom
Multiple R-squared: 0.9725,   Adjusted R-squared: 0.9724
F-statistic:  7009 on 1 and 198 DF,  p-value: < 2.2e-16
> AIC(model10) ⟲
[1] -131.7849
> BIC(model10) ⟲
[1] -121.89
```

　過少分散ですが良好な結果ですね。では次に2次関数で回帰してみましょ
う。Rにはnlsというパッケージがあり、この中にあるnls（）関数を使うと、
こちらが指定した多項式の各係数を推定してくれます。現在CRANのサイ
トにはnls2という改良型のパッケージしか置いていないので、それをインス
トールしてlibrary（nls2）で呼び出しておきます。その上で、次の書式で回
帰させます。

```
>library(nls2) ⟲
> model11<-nls(nY~a*X^2+b,data,start=c(a=1,b=1)) ⟲
> summary(model11) ⟲
Formula: nY ~ a * X^2 + b
Parameters:
   Estimate Std. Error t value Pr(>|t|)
a 0.998597  0.001553   643.0   <2e-16 ***
b 3.173395  0.078168    40.6   <2e-16 ***
---
```

```
Signif. codes:  0 '***' 0.001 '**' 0.01 '*' 0.05 '.' 0.1 ' ' 1
Residual standard error: 0.7121 on 198 degrees of freedom

Number of iterations to convergence: 1
Achieved convergence tolerance: 7.148e-10
```

　書式nls（nY~a*X^2＋b,d,start＝c（a＝1,b＝1））は、dというデータフレーム（この例では、最初に読み込ませたデータを表のかたちでRが保存しているデータフレームdのことを指している）の見出しnYデータ（nyに格納）と見出しXデータ（xに格納）（ファイル4-3. Y＝X^2＋3 正規分布誤差.csv参照）を使ってnY＝aX2＋bのaとbを推定せよという意味です。関数nls（）は、推定されるaとbの初期値を必要とするので、それぞれ1を指定しました。このデータは、y＝x^2＋3に正規分布するyの誤差を入れたものですから、推定されたa＝0.998597、b＝3.173395はほぼ正しく推定されていることが分かります。

　さてこれらのうち、どのモデルを採用すべきなのか？　これは難しい問題です。log変換したデータに対するlm（）は、y＝ax＋bの形で記述されますが、これはlog（ny）＝a*log（x）＋bという意味ですから、2つの回帰式のx値、y値の相同性がありません。よって直接AIC、dp等を比べることができません。仕方がないので、最初からlogを取ったデータではなく、生データに対してnls（）を使ってy＝e（ax＋b）で指数回帰を取り、正規分布GLM、指数回帰モデル、2次関数回帰モデルのAIC、BICを比較してみます（表4-2）。このやり方なら使ったxは相同なので、AICなどの比較が可能です。

POINT
ココに
入力

```
> model12<-nls(nY~exp(a*X+b),data,c(a=1,b=1))
> summary(model12)
Formula: nY ~ exp(a * X + b)
Parameters:
   Estimate Std. Error t value Pr(>|t|)
a 0.269985   0.003092   87.33   <2e-16 ***
b 1.979166   0.027250   72.63   <2e-16 ***
```

第4章　ある変数（例えば売り上げ）の変動に何が効いているか知りたい！──相関分析と回帰分析──

```
---
Signif. codes:  0 '***' 0.001 '**' 0.01 '*' 0.05 '.' 0.1 ' ' 1
Residual standard error: 3.91 on 198 degrees of freedom
Number of iterations to convergence: 12
Achieved convergence tolerance: 1.116e-06
```

【表4-2：各回帰モデルの AIC、BIC】

	AIC	BIC
GLM（Gaussian（identity））	1366.9	1376.773
y = a*x2 + b	435.724	445.6194
y = exp（ax + b）	1116.98	1126.87

　いずれも2次関数の回帰が選ばれます。という訳で、最終的には2次関数による回帰モデルが一番良いという結果になりました。めでたしめでたし。

　もともとそういうデータですから、そうなってくれないと困りますが、現実のデータでは裏にあるはずの本当の関係など分からないのですから（それを推定するための回帰です）、AICやBIC、dp等のモデル評価の指標を使って、より良いモデルを選ぶしかありません。上の分析は、きちんとやれば正しい結果に近づけることを示しています。その鍵は、「散布図」を見て、GLMがなぜ良い結果を出さなかったのかを考えたことにあります。散布図を描かなかったら、AICだけからGLM（gaussian（identity））モデルを採用したかもしれません。データは宝ですから、ルーチン的に処理せず、ていねいに分析しましょう。よく考えて分析法を選ぶことが正解に近づく唯一の道です。

　この章では、GLMの使い方と、推定されたモデルをどうやって選ぶかという話をしましたが、良い結果を導く方法への鍵は実は簡単なところにあります。

　それは、まずxとyの関係を単純な散布図（列：図4-12a）として描いてみることです。最近の学生達の仕事などを見ていると、これをやらず、データをいきなりGLMなどで解析していることが多いのですが、今回出した例

のように、それでは本当に良い結果が得られないことがあります。しかし、図を描いてみるということは、そこにあるパターンを可視化する、いうことですから、まずはやってみたほうがいい。得られたパターンが、下図4-14のようだったら、誰でも2次関数で回帰すべきだとわかるでしょう。

【図4-14：あるxとyについて取られたデータの散布図】

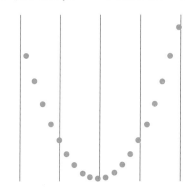

　データをうまく分析することは簡単なことではありません。しかし、こういう「お絵かき」をちゃんとやる人と、やらないでいきなり分析してしまう人では、正解にたどり着ける確率は大違いです。ヒトという動物は視覚の動物です。まずはデータを視覚化してみましょう。そこから得られるものは実は大きいのです。私の経験でも、どう分析するしたらいいのか分からないデータの散布図を描いて眺めているうちに、分析のアイデアが閃き、結局それが論文になったということもたくさんあります。まずはできることから。散布図を描きましょう。上に示したようにGLMといえど万能ではないのですから。

4-7. 従属変数の分布をうまく説明する分布がない場合と変数変換

　GLMを実行するには、必ず従属変数の誤差の分布型を指定してやる必要があります。しかし、データによっては用意されている分布ではうまく当てはまらないこともあります。典型的なのは、図4-15のようなあるx値に対す

るy値の誤差分布が全体的に右肩上がりになっている分布です。

【図4-15：誤差が右上がりになる分布】

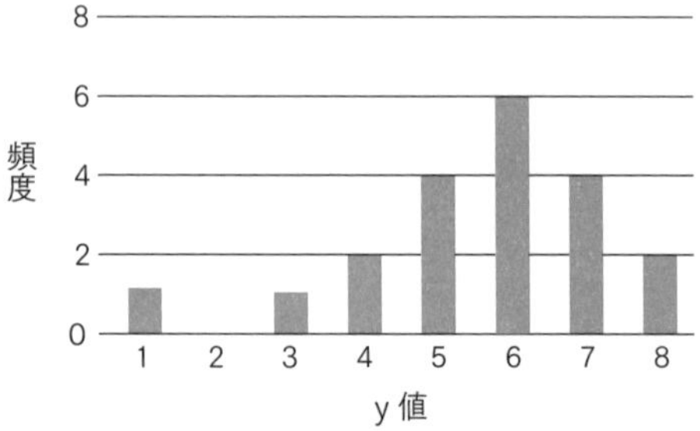

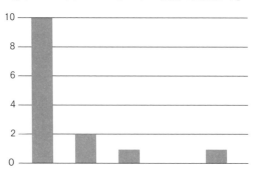

図4-7を見れば分かりますが、Rで普通使う分布は、分布型を決めるパラメータがどうであっても右上がりの形になりません。こういうときにはどうしたらいいでしょうか？ 2つのやり方があります。

1つ目は、リンク関数をいじってy値の誤差分布を扱える分布にしてやることです。ファイル4-5. Y＝X^2＋3 右上がり誤差分布.csvには、全てのx値に対するy値の分布が図4-15のような形になるデータが入っています。分布のピークが右に寄っているのですから、inverseリンクを使うと、誤差分布のピークを左寄りに移せます。逆数を取ると、データがゼロより小さいとき以外、値が大きいほど逆数は小さくなるからです。図4-16は、図4-15のデータを逆数にして頻度分布を取ったものです。

【図4-16：図4-15のデータの逆数の頻度分布】

これならいくつかの分布が使えそうです。lny~xをgaussian（inverse）、

Gamma（inverse）、inverse.gaussian（inverse）の3つの分布でGLMをやった場合のAIC、BICとdpを比較してみました。回帰係数はいずれもマイナス符号で高度に有意でした。

分布型とリンク	AIC	BIC	dp
gaussian(inverse)	1512.10	1521.95	110.21
Gamma(inverse)	1414.39	1615.89	0.0036
inverse.gaussian(inverse)	1606.00	1424.29	0.1740

　上記の結果から、ガンマ分布でinverseリンクを使ったものが最も成績が良いと判断できます。ゆえに採用されるモデルは下のものになります。

```
> model12<-glm(lny~x,family=Gamma(inverse))
> summary(model12)
Call:
glm(formula = y ~ x, family = Gamma(inverse))
Deviance Residuals:
    Min       1Q    Median       3Q      Max
-0.37588  -0.13057   0.04105   0.12247   0.15652
Coefficients:
             Estimate  Std. Error  t value  Pr(>|t|)
(Intercept)  0.516438    0.009182    56.24   <2e-16 ***
x           -0.033376    0.001192   -28.01   <2e-16 ***
---
Signif. codes:  0 '***' 0.001 '**' 0.01 '*' 0.05 '.' 0.1 ' ' 1
(Dispersion parameter for Gamma family taken to be
0.02383078)
    Null deviance: 24.6327  on 199  degrees of freedom
Residual deviance:  5.2983  on 198  degrees of freedom
AIC: 300.95
```

```
Number of Fisher Scoring iterations: 4
```

2つ目の方法は、事前に変数を変換しておくことです。ファイル4-5.闘争回数と死亡日.csvは、オス同士が闘争するクワガタムシのような昆虫で、オスの総闘争回数（TBN）と実験を始めてから死亡するまでの日数（DD）のデータです。TBNがDDに与える影響を知りたいので、従属変数はDDとなり、第4章で紹介した、y値の誤差分布を知るためのスケール合わせをした上でのy値の分布は以下のようになっています。

【図 4-17：生存日数（DD）の誤差分布】

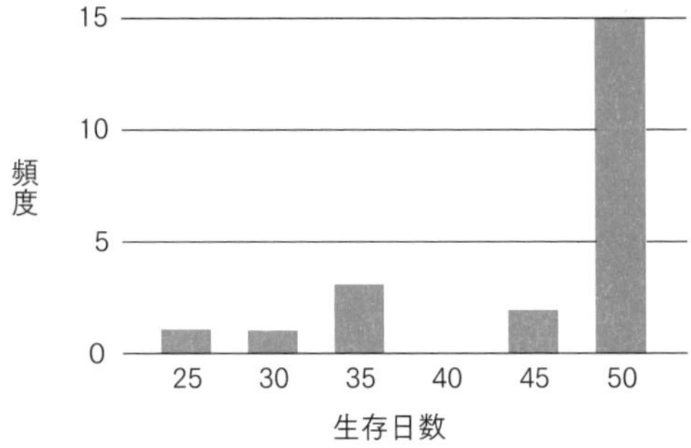

この手の分布はGLMが苦手とするところです。しかし、やりようはあるので以下に検討していきましょう。ファイル4-6.闘争回数と死亡日.csvを開き、従属変数と独立変数にそれぞれ名前を付けて格納し、闘争回数を独立変数、死亡日を従属変数とします。

```
>data<-read.csv(file.choose(), fileEncoding="CP932")
>DD<-(data$DD)
>TBN<-(data$TBN)
>BND<-(data$BND) （注：生存期間中の1日当たりの闘争数）
>DL<-(data$DL) （注：49日目までの生死）
>EL<-(data$EL) （注：さや羽の長さ（大きさの指標））
```

一応、上記のように右上がりになる従属変数の頻度データで、従属変数デー

タを逆数変換すると、逆に右に尾を引いた分布に直すことができます（ただし、従属変数がゼロを含むと実行不可能です）。元データの頻度分布と逆数変換したデータの頻度分布を示します。

【図4-18：右上がり分布になる従属変数と、それを逆数変換した分布】

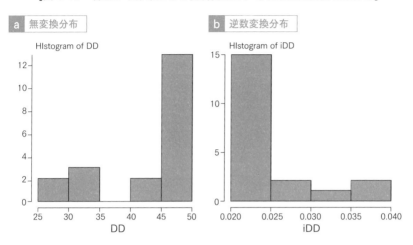

この逆数変換データ（ここではiDD＜-（1/DD）を用いてRの内部で計算させ、iDDと言う変数に逆数変換データを格納してあります）を用いると、分析しやすくなります。変数名がDDと違っているほうが、後で解釈を間違えにくくなるからです。右に尾を引く分布には、逆ガウス、ガンマ分布などが使えますが、ここではガンマ分布を使ってみます。すでにiDDに逆数データを格納してあるので、こちらを用い、gamma(identity)で実行します。「BNDが大きいほど早く死ぬ」というのが、検定したい仮説です。

```
> data<-read.csv(file.choose(), fileEncoding="CP932")
> DD<-(data$DD)
>BND<-(data$BND)
> iDD<-(1/DD)

> model13<-glm(iDD~BND,family=Gamma(identity))
> summary(model13)
```

```
Call:
glm(formula = iDD ~ BND, family = Gamma(identity))
（注：すでに逆変換したiDDを用いているのでリンク関数はidentityとする）
Deviance Residuals:
     Min       1Q    Median        3Q       Max
-0.30399  -0.11283  -0.07189   0.06611   0.41703
Coefficients:
             Estimate   Std. Error   t value   Pr(>|t|)
(Intercept) 0.012916     0.004743     2.723     0.0139 *
BND         0.005806     0.002597     2.235     0.0383 *
---
Signif. codes:  0 '***' 0.001 '**' 0.01 '*' 0.05 '.' 0.1 ' ' 1
(Dispersion parameter for Gamma family taken to be
0.05073417)
    Null deviance: 1.10985  on 19  degrees of freedom
Residual deviance: 0.83131  on 18  degrees of freedom
AIC: -151.34
Number of Fisher Scoring iterations: 6
> dp<-sum(residuals(model13,type="pearson")^2)/
model13$df.res
> print(dp)
[1] 0.05073408
```

　回帰係数は有意に正になり、dpは大きく過小分散ですが、まぁまぁのモ
デルだと言えるでしょう。回帰係数が正に有意ということは、BNDが大き
くなるほどiDDも大きくなるということで、iDDは生存日数の逆数ですか
ら、正の整数ですから、「iDDが小さいほど長生きした」という意味になり
ます。よって結論は「1日当たりの闘争回数が多いほど早く死んだ」となり、
仮説は支持されたことになります。

　注意点として、変数変換を行う場合、変数の大小と独立・従属変数の関係
が変わりますから、できるだけ混乱しないようにリンク関数で処理せずに、

あらかじめ変換した変数を別名の変数に格納してidentityリンクで処理した方が間違えにくくなります。回帰係数は変換されたデータに対して計算されますから、係数の大きさそのものの意味はよく考えないといけませんが、符号は独立変数に対する従属変数の変化傾向を表しますから信頼できます。しかし、変数の大小が変化するので、結果の解釈には間違えないように注意が必要です。また、この分析では切片が有意になっており、BND以外の要因が影響を与えていることを示唆しています。それが何なのかをどうやって調べるかは、第6章でもう一度この問題を取り上げ説明します。

　どうしても誤差の分布型がよく分からないときはquasiを使うしかありません。前に説明した通り、これはデータからその分布型を推定し、最も適当と思われる分布を使って計算してくれる機能がありますので、このデータを用いてfamilyにquasiを指定して計算させてみます。

```
> model14<-glm(iDD~BND,family=quasi)
> summary(model14)
Call:
glm(formula = iDD ~ BND, family = quasi)
Deviance Residuals:
      Min         1Q     Median         3Q        Max
-0.007820  -0.002356  -0.001539   0.001625   0.012677
Coefficients:
            Estimate  Std. Error  t value  Pr(>|t|)
(Intercept)  0.012172    0.005254    2.317    0.0325 *
BND          0.006210    0.002721    2.282    0.0349 *
---
Signif. codes:  0 '***' 0.001 '**' 0.01 '*' 0.05 '.' 0.1 ' ' 1
(Dispersion parameter for quasi family taken to be
3.239973e-05)

    Null deviance: 0.00075187  on 19  degrees of freedom
Residual deviance: 0.00058320  on 18  degrees of freedom
```

```
AIC: NA
Number of Fisher Scoring iterations: 2
> dp<-sum(residuals(model14,type="pearson")^2)/
model14$df.res
> print(dp)
[1] 3.239973e-05
```

　ガンマ分布のモデルと同じく、BNDはiDDにプラスに有意であり、結論
は変わりませんが、quasiを使った場合、AICは計算不可能なのでその比較
はできません。dpを見ると、両分布とも過小分散ですが、その程度はquasi
の方がはるかに過小分散の程度が大きいことが分かります。それを根拠にガ
ンマ分布モデルを採用するか、結論は両モデルで矛盾しないので、両方の結
果を出して「1日当たりの闘争回数が多いと早く死ぬことは両モデルで支持
された」というか、好みの方法を取ればいいでしょう。

　他にも変換の方法はあります。元分布が右肩上がりということは、最大値
から測定値を引いた変数の分布は右肩下がりになります。しかし、最大値
50から50を引くと0になり、0は対数変換できないためlogリンクが使えな
くなるので、便宜的に（rDD＝51-DD）という変換をしてみます。Excel等
で計算して新しい列を作ってもよいのですが、こういう変換もRの内部で、
コマンド1つでできますから、ここではRにやらせてみましょう。

```
>rDD<-(51-DD)
> print(rDD)
 [1] 1 1 1 1 17 10 20 1 16 1 1 1 1 1 1 10 1 26 24
```

　このように、DDがrDDという変数に、（51-DD）の変換式で変換された
数値が格納されていることが分かります。図4-19に、変換前後での、スケー
ル合わせ後のy値の誤差分布を示します。

【図4-19：データ変換前後のファイル4-5の変数DDとrDD (51-DD) の分布】

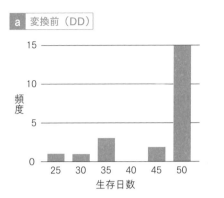

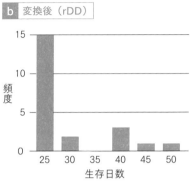

まずは、rDDを使って、Gamma分布でGLMをやってみます。

```
> model15<-glm(rDD~BND,family=Gamma(identity))
> summary(model15)
Call:
glm(formula = rDD ~ BND, family = Gamma(identity))
Deviance Residuals:
    Min       1Q    Median       3Q      Max
-1.7042  -1.2841  -1.1455   0.5869   2.3375
Coefficients:
             Estimate  Std. Error  t value  Pr(>|t|)
(Intercept)    -5.083       5.374   -0.946     0.357
BND             6.209       3.686    1.685     0.109
(Dispersion parameter for Gamma family taken to be 1.923788)
    Null deviance: 37.391  on 19  degrees of freedom
Residual deviance: 31.267  on 18  degrees of freedom
AIC: 115.9
Number of Fisher Scoring iterations: 7
> dp<-sum(residuals(model15,type="pearson")^2)/
model15$df.res
```

```
> print(dp)
[1] 1.923628
```

　BNDはrDDに対して有意にならず、dp = 1.924 > 1.5と、あまり良いモデルではありません。そこで、右に尾を引く分布は負の二項分布（negative. binomial distribution）でもうまく当てはまる場合が多い上、y軸は日数なので0以上の整数しか取らず、y値の誤差も整数になります。したがって負の二項分布が使えるのでそうしてみましょう。

　MASSパッケージをインストールして呼び出し、glm.nb（）関数によって計算します。これを使うとglm（y~x, family = negative.binomial（負の二項分布の形を決めるパラメータ））というコマンドでも計算できるのですが、そのためにはパラメータをこちらから与えてやらなければなりません。しかし、glm.nb（）だと、自動的にデータからパラメータを推定してやってくれるので便利です。MASSを呼び出し、glm.nb（）でやってみましょう。

```
> library(MASS)
> model16<-glm.nb(rDD~BND)
> summary(model16)
Call:
glm.nb(formula = rDD ~ BND, init.theta = 0.8414094483,
link = log)
Deviance Residuals:
    Min      1Q   Median      3Q     Max
-1.5048  -0.9244  -0.8072   0.2979   2.1069
Coefficients:
            Estimate Std. Error z value Pr(>|z|)
(Intercept)  -0.5848     1.1070  -0.528   0.5973
BND           1.2405     0.5635   2.201   0.0277 *
---
Signif. codes:  0 '***' 0.001 '**' 0.01 '*' 0.05 '.' 0.1 ' ' 1
(Dispersion parameter for Negative Binomial(0.8414)
```

```
family taken to be 1)
    Null deviance: 25.796  on 19  degrees of freedom
Residual deviance: 20.556  on 18  degrees of freedom
AIC: 119.12
Number of Fisher Scoring iterations: 1
             Theta:   0.841
          Std. Err.:   0.284
 2 x log-likelihood:  -113.123
> dp<-sum(residuals(model16,type="pearson")^2)/
model16$df.res
> print(dp)
[1] 1.433455
```

　警告メッセージも出ず、BNDはrDDに対して有意な正の回帰を示し、AICはGamma分布（115.9）より若干大きい（119.12）ですが、dp = 1.433455と、Gamma分布を使ったとき（1.923628）よりかなり改善されています。回帰係数の有意性、dpの値から見て、負の二項分布を使った方が言いたいことに合致する結果です。

　どちらを採用するか（あるいは他の分布を使うか）は、個人の信念にもよります。しかし、データの性質と分布の性質により、より適切な分布を選んで実行する、あるいは別の変数変換をして、より当てはまる分布型で分析するなどできますが、出てきた複数の分析結果が同等の場合、検定を用いて判定することもできます。Wald検定、尤度比検定などがありますが、ここでは尤度比検定を紹介します。

　比較したい2つのモデル対して、次のlrt関数を定義します（これをRコンソールに貼ってreturnすればいいです）。

```
lrt <- function (obj1, obj2) {
  L0 <- logLik(obj1)
  L1 <- logLik(obj2)
```

第4章　ある変数（例えば売り上げ）の変動に何が効いているか知りたい！――相関分析と回帰分析――

```
L01 <- as.vector(- 2 * (L0 - L1))
df <- attr(L1, "df") - attr(L0, "df")
list(L01 = L01, df = df,
  "p-value" = pchisq(L01, df, lower.tail = FALSE))
}
```

次に、

```
gm0<-glm(rDD~BND,family=Gamma(identity))
gm1<-glm.nb(rDD~BND)
lrt(gm0, gm1)
```

として return すると、検定結果が表示されます。

```
$L01
[1] -3.221706
$df
[1] 0
$`p-value`
[1] 1
```

　p＝1＞0.05ですから、この2つのモデル間には、尤度比に有意な差はな
く、どちらかを採用すべき統計学的な根拠はない、ということですから、dp
がよりよい負の二項分布モデルの結果を採用することにします。よって結論
は「1日当たりの闘争回数が増えると早く死ぬようになる」がp＜0.05で支
持された、ということです。
　また、負の二項分布のパラメータは summary の2行目に init.theta ＝
0.8414094483として表示されており、第6章で説明する一般化線形混合モデ
ル（GLMM）を、負の二項分布を使って行うとき、最初に glm.nb () でパラメー
タを推定しておき、それを GLMM の実行に必要なパラメータ指定に使うこ
とができます。init.theta は GLM で dp ＝1になるように選ばれており、経験

上、init.theta値が0.8〜3.0くらいのときはうまく当てはまっているように思えますが、場合によりinit.theta＝数十万などのとんでもない値になることがあり、こういう場合は分布の変更を含め、複数のモデルで検討し、どのモデルがよいかのモデル選択を行う必要があります。

　ただ、最初から誤差分布などを調べず、可能なモデルを全て作って判定指標を比べるやり方はあまりお勧めできません。私が科学者だからでもありますが、「〜という根拠の限りで〜という処理をした」と明示されていれば、「その結論は間違いである」というためには「根拠」が正しくない、と示せばよいことになります。科学ではこのことを「反証可能性」と呼んでおり、これが確保されていることが科学研究の最低条件であるともされています。反証しようがない主張は、正しいかどうかも判定できないからです。全てのモデルから特定の評価指標が最も良かったものを選ぶやり方は、根拠があるようで実はありません。上の例のiDD~TBNのGLM回帰でも、ガンマ分布モデルと負の二項分布モデルでは、AICとdpでは、どちらがよいモデルかが異なっています。なぜその指標を使ったのか、は最低限明示しておく必要があるでしょう。

　もう1つ注意しなければならないことがあります。DDは「DDが小さいほど早く死んだ」を表しますが、rDDは「rDDが大きいほど早く死んだ」ことを表すように変換されています。したがって、回帰係数の符合が持つ意味が元データの場合と逆になり、rDDを使った場合の正の回帰係数は「BNDが大きいほどrDDも大きい（つまり早く死んだ）」という意味になります。変数変換を行った場合は、結果の解釈に十分注意しないと、思わぬ間違いを犯すことがあるのでご用心を。

　また、図4-19の横軸はDDですが、生データを見ると、50が12個体で非常に多く、それ以下の所は低い釣り鐘型をしているようにも見えます。そこで、zrDD＝（50-DD）という変換を行うと、ゼロ以上は釣り鐘型分布をしていて、ゼロが異常に多いという分布になるはずです。そういう分布をGLMで分析するために「ゼロ過剰ポアソン分布」という分布があり、それを使ってGLMを実行するパッケージ（pscl）もあります。しかし、このデータの場合ゼロ以上のデータが極端に少なくなり、正確な結果はあまり期待できないのでここではやりません。自分がそのようなデータを持っているとき

は、「R　pscl　ゼロ過剰モデル」でググれば日本語の解説ページがありますから、参考にしてください。

　GLMを行うときに重要なことは、自分のデータの従属変数（y）の誤差分布が、どういう性質の変数（x軸の値）で導出されており、どういう形をしているかをよく調べ、必要なら適切な変数変換を行い、最も適切なモデルを構築するということです。これ大事。

第 4 章のまとめ

2群以上のデータセットで

	データが	
	連続変数	順位
1) 2群間の関連性を知りたい？（相関分析）	Pearson の積率相関係数の検定 cor.test(A,B,method ="pearson")	Spearman の順位相関係数の検定 cor.test(A,B,method ="spearman")
		Kendall の順位相関係数 cor.test(A,B,method ="kendall")

2) 1つの従属変数(y)と独立変数(x1、x 2…x n)の関係式を知りたい？（回帰分析）

独立変数と従属変数の関係		
直線（平面）		

独立変数の数		
1つ	複数	1つ
1変数の直線回帰 lm(y~x)	多変量の重回帰 lm（y~x1+x2+…+xn)	1)1 変数の多項式回帰（2次関数、指数回帰など）
2つ以上の回帰の傾きの差の検定	各独立変数の y への相対的影響の比較	nls パッケージをインストールして呼びだしてから、
ANCOVA	各データを標準化（xn-（ x の平均値)/ 標準偏差）してから重回帰し、回帰係数の大きさを比べる	nls(y~a*x^2+b,data,start=(a=1,b=1) : 2次回帰 nls(y~a*x^2+b*x+c,data,start(a=1,b=1,c=1) : 2次の多項式回帰 nls(y~exp(a*x+b),data,start(a=1,b=1) : 指数回帰 etc.

	曲線（曲面）		
	複数		
	一般化線型モデル（GLM）		
	y 値の誤差分布が gml（）のデフォルトの分布 （http://cse.naro.affrc.go.jp/takezawa/r-tips/r/72.html　参照）		
	yes	no	
		y 値の誤差分布が	
		負の二項分布	ゼロ過剰 ポアソン分布	分からない
glm(y~x,family = 分布名（リンク関数）)	パッケージ MASS を 呼び出して glm.nb(y~x)	パッケージ pscl を呼び出して zeroinfl(y ~ x、 dist=" 分布名 ")	glm(y~x,family =quasi)

第 **5** 章

従属変数が

「起きる／起きない」のような

「全てか無か」の二値を取るときの

因果関係の分析

5-1. GLM によるロジスティック回帰

　与えた薬の濃度によって1年後に生きていたか死んでいたかを調べたい、あるいは、顧客にダイレクトメールを送った回数により商品を買ってくれたかどうかを知りたいなどの、従属変数yが「起こった／起こらなかった」の二値しか取らない問題があります。こういう問題について、薬の濃度やダイレクトメールの送付回数をx軸に取り、それが「起こった／起こらなかった」の二値形質のyに影響しているかどうかについて、GLMによる回帰の検定をすることができます。このような、従属変数が0／1のような二値しか取らない変数である場合の回帰を、「ロジスティック回帰」と呼びます。

　この章ではGLMを用いたロジスティック回帰と、頻度主義統計とは別の原理の統計手法であるベイズ統計を使った分析方法を紹介します。ベイズ統計は本書の守備範囲外ですが、さわりだけ紹介してどんなものか知っていただくのもいいでしょう。使ってみたいと思ったら、たくさんの解説書が出ていますから、それで勉強してみてください。

　さて、ファイル5-1.DM送付回数と商品購入.csvにある、顧客22人に関するダイレクトメールの送付回数と、結果としてその商品を購入したかどうかのデータを用い分析してみましょう。回帰の従属変数になる個体の生死や商品の購入は「起こった／起こらなかった」で表される二値形質で、連続変数ではないので特別な分析が必要です。分析するときは、事象のどちらかに0をどちらかに1を与え分析します（「ダミー変数」と言います）。ここでは、買わなかった＝0、買った＝1として分析しましょう。こうした方が、DM送付回数が増えると買うようになるのか買わないようになるのかと、回帰係数の符合が一致するので（プラスなら送るほど買うようになり、マイナスなら逆）、結果の解釈を間違えにくくなるからです。

　まず、こういう二値形質の分布は「二項分布（binomial distribution）」という分布に従います。コインを10回投げたとき、表が0〜10回まで出るケースの分布がそうです。さて、Rのglm（）には二項分布はデフォルトで用意されています。また、二項分布に使えるリンク関数の中にlogitというのがあり、これが二値形質の回帰に使うリンク関数です。それでは、ファイル

5-1.DM送付回数と商品購入.csvを読み込み、ロジスティック回帰を実行してみましょう。

```
> data<-read.csv(file.choose(),fileEncoding="CP932")
> Buy<-(data$Buy)
> DM<-(data$DM)
> model17<-glm(Buy~DM,family=binomial(logit))
> summary(model17)
Call:
glm(formula = Buy ~ DM, family = binomial(logit))
Deviance Residuals:
    Min       1Q    Median        3Q       Max
-1.99298  -0.21770   0.05234   0.24381   1.59633
Coefficients:
             Estimate   Std. Error   z value   Pr(>|z|)
(Intercept)   -6.5150       2.8303    -2.302     0.0213 *
DM             1.3922       0.5857     2.377     0.0174 *
---
Signif. codes:  0 '***' 0.001 '**' 0.01 '*' 0.05 '.' 0.1 ' ' 1
(Dispersion parameter for binomial family taken to be 1)
    Null deviance: 30.316  on 21  degrees of freedom
Residual deviance:  9.685  on 20  degrees of freedom
AIC: 13.685
Number of Fisher Scoring iterations: 6
```

このように、DMはBuyに対して、有意な正の回帰係数を持つことが分かります。つまり、ダイレクトメールを送る回数が多いほど、商品を買ってもらいやすくなるということです。数字の結果だけでもいいのですが、会社の会議などでプレゼンする場合、この結果をグラフで表した方がいいでしょう。

ロジスティック回帰の場合、回帰式は次の式で表されます。

$y = 1/(1 + \exp-(ax + b))$、$a, b$ は推定された回帰の傾き（ここでは1.3922）と切片（ここでは-6.5150）

　Rを使って描く方法もあるのですが、私のMacでやると指定通りにやってもうまく表示されなかったりするので、ここではExcelのグラフ機能を使って描いたものを図示します（図5-1）。まぁ、Rは「完全に自由かつ無保証」のソフトですから、こういうときは臨機応変に対応しましょう。Rの名誉のために言っておくと、うまく作動する場合は、Rによる作図はExcelでの作図に比べると手間がかからないのでおすすめです。最近の科学論文に掲載されるグラフのかなりのものが、Rにより作図されています。

【図 5-1. ロジスティック回帰のデータへの当てはめ】

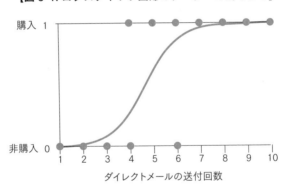

　見た通り、DMを5〜6回送るとかなりの確率で購入に至ることが分かります。この結果があれば、DM送付のコストと合わせて、どういう戦略をとると最も効率よく商品を売ることができるか、ということも決められるでしょう。是非、皆さんの仕事にもこういう分析を生かしてください。
　ロジスティック回帰は、独立変数が0を含む整数で、従属変数が二値形質であるような場合には全て使えます。また、独立変数を複数取ることも可能です。前述したように従属変数「起こった／起こらなかった」に、自分の知りたいことが分かりやすくなるようにダミー変数（0、1に限らず、1、100のようにしてもかまわないです。
　結果の解釈が容易になるように自由に設定してください）を与え、上記の

ようにRでGLM分析し、出てきた回帰係数と切片で上のようにして作図します。もちろん、科学データにも使えて、例えば、「キツネが獲物を追跡中に獲物の匂いを確認した回数」と「その狩りの成功／不成功」のようなデータなら、何にでも適用できます。

5-2. ベイズ統計による 成功確率の違いの検定

近年、この本で扱っている「頻度主義統計」と全く原理の違う「ベイズ統計」が現れ、使われ始めています。2年ほど前、アメリカの統計学会は「今後、統計検定には頻度主義統計ではなくベイズ統計を使うべきだ」という声明を出しましたが、私の考えでは、ベイズ統計はまだまだ当分普及しないでしょう。なぜならベイズ統計を実行する場合、特定のプログラム言語で実行プログラムを書いてやる必要があり、詳しくない人にとって、Rで頻度主義統計検定を実行するのに比べずっと敷居が高いからです。

また、科学論文の雑誌では、投稿された論文ごとに、その分野専門の科学者である2〜3人のレフェリーが付き、内容が吟味され、掲載される場合でも1〜2回は「〜の所を〜というように直せ」という指示がレフェリーからたくさん入ります。これにうまく対応できないと論文は掲載されません。しかし、多くの科学者がいまだに頻度主義統計しか知らないので、ベイズ統計で検定をかけて論文にしても、レフェリーの多くがその統計分析の結果が正しいかどうか判定できないのです。実際に、我々の研究グループで統計を全てベイズ統計にして投稿したところ、3人全てのレフェリーから「ベイズ統計は分からないので、頻度主義でやり直してから送ってくれ」と指摘され、検定を全てやり直す羽目になりました。

そんなベイズ統計ですが、使い方によっては非常に便利なので、ここでは一例だけ紹介します。それ以上知りたい方や、もっと複雑な問題に当てはめてみたい方は、基本原理や応用例の解説本がいくつも出ていますから、それらを参考にしてください（P.151参照）。

ここでは例題として、ある通販会社が顧客にダイレクトメール（DM）を送ったか送らなかったかで、商品購入率に違いがあるかを調べるために集め

たデータを使います。そのデータは表5-1の通りでした。

【表 5-1：ある通販会社の DM 送付の有無に対する顧客の商品購入データ】

	DM 送付	DM 非送付
購入	6	3
非購入	0	4

まずは頻度主義のFisherの正確確率検定をかけてみましょう。

```
> x<-matrix(c(6,0,3,4),nrow=2,byrow=T)
> fisher.test(x)


        Fisher's Exact Test for Count Data
data:  x
p-value = 0.06993
alternative hypothesis: true odds ratio is not equal to
1
95 percent confidence interval:
 0.7113851      Inf
sample estimates:
odds ratio
       Inf
```

　p = 0.06993 > 0.05 なので、有意差があるとは言えません。頻度主義統計では、「ダイレクトメールを送ると商品を購入してもらいやすくなる」という仮説は支持されなかった、ということになります。
　では、同じデータにベイズ統計で検定をかけてみます。独立変数・従属変数ともに二値形質ですからx値の取り出され方は二項分布に従うと予想されます。ベイズ統計は、事象の起こり方について、「その事前確率分布×その尤度（起こるもっともらしさの程度：ここに推定モデルが入る）＝事象の起

こり方の事後分布（事後確率分布）」という「ベイズの定理」と呼ばれる法則に従って、問題ごとに、データから「事前分布」を推定します。そして、与えられた尤度式（xをパラメータとするモデル）を使用し、一種のシミュレーションを繰り返すことにより事後確率の分布を導出し、調べたい事象群の事後分布の面積の95％点（この値は任意なので99％区間でも良い）が重なっているかどうかで、仮説が支持されるかどうかを判定します。

　今回の場合は、DM送付→商品購入／非購入と、DM非送付→商品購入／非購入のデータから、事前分布が二項分布に従うと仮定し（送る／送らない、の二値だから）、データから事前分布の形を決め、与えた尤度式から、その事前分布を用いてシミュレーションを繰り返し、事後分布を直接推定します。この原理については『図解・ベイズ統計「超」入門　あいまいなデータから未来を予測する技術』（涌井貞美著、SBクリエイティブ新書）が、初心者にも分かりやすくて良いと思うので、「ワカラン」という方は参照してください。他にオススメなのは、原理については『基礎からのベイズ統計学　－ハミルトニアンモンテカルロ法による実践的入門』（豊田秀樹編著、朝倉書店）、様々な問題をどうモデル化して尤度式に組み込むかについては、例題が豊富な『StanとRでベイズ統計モデリング』（松浦健太郎著、共立出版）でしょう。まぁ、原理が分からなくても検定はできるので、とにかくやってみましょう。

　Rでベイズ統計をやるためには、rstanというパッケージをインストールしておいて使います。次にstan言語でプログラムを書いておいて、R用の実行コマンドを書き、rstanを呼び出しておいて実行コマンドを動かし、データファイルを読み込ませると、事後確率分布を計算してくれます。以下に内容を記したデータファイル"dataBuyNotBuy.R"と実行ファイル"DM.stan"（テキストエディタなどにコードを書き、拡張子も含めこの名前で保存します）をRの作業ディレクトリに入れてやってみましょう。

　Datafile "dataBuyNotBuy.R" の内容（下の**** と ****の間のコマンドをテキストエディタに書き、拡張子を.Rにして、上の名前で保存します。実行コマンドでデータファイル名を指定するので、両者が一致していないとエラーになってしまうので注意が必要です。

・データファイル（dataBuyNotBuy.R）

```
****************
N<-c(6,7)
n<-structure(.Data=c(5,1,2,5),.Dim=c(2,2))
****************
```

実行プログラム "DM.stan" の内容、書き方、保存法はデータファイルと同様。#日本語文、が付いているのは、そこに何が書いてあるかを表示しており、プログラムとしては実行されません。プログラム技法上「REM文」と呼ばれるもので、プログラムに何が書いてあるか分かりやすくするためのメモのようなものです。

・分析プログラム（DM.stan）

```
****************
data{
    int<lower=0> N[2];
    int n[2,2];
}
parameters{
    simplex[2] p[2];
}
model{
    for(i in 1:2){
        for(j in 1:2){
            n[i,j] ~ binomial(N[j], p[j][i]);
        }
    }
}
generated quantities{
    real d;
    real delta_over;
    real p11;
```

```
    real p10;
    real p01;
    real p00;
    real RR;
    real OR;
    p11 <- p[1][1];
    p10 <- p[1][2];
    p01 <- p[2][1];
    p00 <- p[2][2];

    d <- p11 - p01; #比率の差
    delta_over <- if_else(d > 0,1,0);
    RR <- p11/p01; #リスク比
    OR <- (p11/p10) / (p01/p00); #オッズ比

}
```
****

rstanをインストールしておいてから、呼び出します。

```
> library(rstan)
 要求されたパッケージ ggplot2 をロード中です
 要求されたパッケージ StanHeaders をロード中です
rstan (Version 2.17.3, GitRev: 2e1f913d3ca3)
For execution on a local, multicore CPU with excess RAM
we recommend calling
options(mc.cores = parallel::detectCores()).
To avoid recompilation of unchanged Stan programs, we
recommend calling
rstan_options(auto_write = TRUE)
```

Rコンソールに以下のコマンドを貼り、実行します。これがプログラム
DM.stanをR上で実行するための実行コードです。

```
scr<-"DM.stan"
source("dataBuyNotBuy.R")
data <-list(N=N, n=n)
par<-c("p","d","delta_over","RR","OR")>
war<-1000              # バーンイン期間
ite<-11000             # サンプル数
see<-12345             # シード
dig<-3                 # 有効数字
cha<-4                 # チェーンの数>
fit <- stan(file = scr, data = data, warm=war, iter=ite,
seed=see,pars=par,chains=cha)
```

数十秒くらい待たされてから長々と数字や表が出ますので、それは省略し
ます。

最後に以下のような、シミュレーション実行時の実行パラメータと結果の
表が出ます。実際にはp[DM0Buy0]の所はp11のように出力されるので、分
かりやすくするため書き直してあります。

```
> print(fit,pars=par,digits_summary=dig)
Inference for Stan model: DeathSurvive.
4 chains, each with iter=11000; warmup=1000; thin=1;
post-warmup draws per chain=10000, total post-warmup
draws=40000.
```

	mean	se_mean	sd	2.5%	25%	50%	75%	97.5%	n_eff	Rhat
p[DM0Buy0]	0.928	0.000	0.067	0.751	0.898	0.948	0.978	0.998	31194	1

p[DM0Buy1]	0.072	0.000	0.067	0.002	0.022	0.052	0.102	0.249	31194	1
p[DM1Buy0]	0.399	0.001	0.147	0.303	0.498	0.608	0.711	.861	27006	1
p[DM1Buy1]	0.750	0.001	0.192	0.296	0.630	0.791	0.908	0.991	27006	1
d	0.529	0.001	0.161	0.200	0.420	0.537	0.647	0.816	27448	1
delta_over	0.999	0.000	0.028	1.000	1.000	1.000	1.000	1.000	40000	1
RR	2.789	0.011	1.670	1.302	1.843	2.364	3.211	6.752	22982	1
OR	206.898	19.286	2821.569	3.043	12.630	29.596	80.215	1012.972	21404	1

　ベイズ統計は、(事後分布＝事前分布×尤度)という式に当てはめる事前分布をデータから推定して、それと指定した尤度式を使ってシミュレーションを行い、知りたい事後確率分布を導出する手法だと言いました。このとき、「ベイズ更新」というテクニックを使います。事前分布の形はあらかじめ分かってはいないので、最初の事前分布には「無情報分布」という、一様分布(図5-2参照)のような事前情報を持たない分布(一様分布は全てのxに対してyが同値ですから、推定したい「xの変化量に対するyの変化量」についての情報を何も持っていません)を事前分布の初期値として与え、最初の試行で出てきた事後分布(すでに無情報分布ではなくなっています)を次の試行の事前分布として与え、分布型が安定するまでをwarm up(バーンイン期間)とし、コマンド中にwarmという変数で定義されており、この例では1000回の試行で推定しています)、そこで得られた分布を、その後のシミュレーションの事前分布として用います。

【図5-2：一様分布】

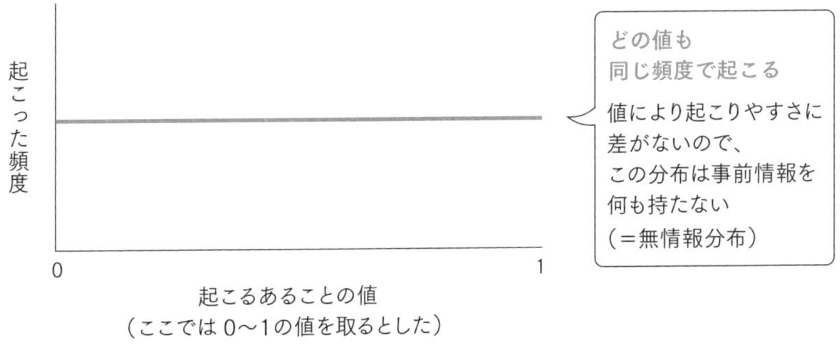

起こった頻度

0　　　　　起こるあることの値　　　　　1
　　　　(ここでは0〜1の値を取るとした)

どの値も
同じ頻度で起こる
値により起こりやすさに
差がないので、
この分布は事前情報を
何も持たない
(＝無情報分布)

上記の計算例では一様分布を初期事前分布とし、二項分布を仮定したサンプリングで1000試行ベイズ更新を繰り返し、そこで得られた分布を事前分布として固定し、その後は10000回×4鎖の試行を行い、得られた40000個の事後確率の分布から、分布の面積が2.5％と97.5％になる値を、DM送付と商品購入の4つの組み合わせについて全て表の中にまとめています。「鎖」の意味は、4本のシミュレーションラインを同時に走らせるという技法です。それぞれ鎖のそのときまでに推定されたパラメータを、時々それまでと全然違う値にランダム変えて試行を続ける「MCMC」と呼ばれる手法を用いて、シミュレーションがパラメータ空間に存在する局所解（平面にちょっとだけ高くつきだしたピーク）に囚われず、パラメータ空間の中の一番高い所にある最適解を効率よく探させるために使われます。鎖が多いほど推定されたパラメータセットが最適解である確率は高くなりますが、計算時間がかかります。そして結果の表に、実行ファイルで指定したパラメータを出力させています。

　表の見方ですが、例えばp[DM0Buy0]の行の数字は、DM非送付で商品非購入であった確率は、平均0.928で、導出された事後分布の面積の2.5％点は0.751、97.5％点は0.998であることを示しています。この値の間は、ちょうど分布の全面積の95％になるので、ベイズ統計ではこれを95％確信（または信念）区間と呼び、2つの場合で95％確信区間が重ならなければ、統計的に有意差があると見なします。

　頻度主義統計の$p < 0.05$の有意差との違いは、頻度主義の$p < 0.05$とは観察された差（から計算された統計量）が、偶然によって得られた確率（つまり、本当は差がないのにあるといってしまう確率）は5％より小さいという意味ですが、ベイズ統計の95％確信区間は「その中に真の値（例では購入確率）がある確率は95％である」という意味です。ですから、確信区間が重ならなければ、統計的に有意に差があると言えることになるのです。

　注意点ですが、rstanを用いたベイズ統計では、シミュレーションを行うので、出てくる結果はいつも完全に同じにはならないかもしれません。特に、バーンイン期間が短いときや、シミュレーションの実行回数（この例の場合、実行コマンド中で総実行回数ite＜-11000で定義されています。バーンイン期間が1000なので、実際の事後確率は10000回サンプリングされ、そ

れから事後確率分布が導出されます）が小さかったりすると、推定値に多少のずれは生じることがあります。したがって、確信区間の離れ度合いが小さい場合などは何回かやって、全て同じ結論になるかなどを確認した方がよいでしょう。生データ数を増やすことも有効な対策です。

　表の最後にあるRhatは、パラメータの収束度合いを表しており、1.1以下ならよく収束しており、何度シミュレーションしても同じような結果になるだろうということです。今回は全て1 < 1.1なので、このシミュレーションのパラメータはよく収束しており、特に問題はないということですが、Rhat > 1.1の場合は、パラメータがうまく収束せず、何度もシミュレーションをやると異なる結果が出てしまう危険性が高いことを意味します。使う分布やモデルの記述がおかしいとこうなりやすいので、Rhat > 1.1になった場合は、もう一度モデルの構築からよく考えてやり直すべきです。

　さて、ここで知りたいことは「DMを送った場合（1で表記）と送らなかった場合（0で表記）で、商品購入確率が違うかどうか？」ですから、p[DM0Buy1] と p[DM1Buy1] の95％確信区間を比較すればいいことになります。数字を見れば分かりますが、見にくいので図にします。表にはそれぞれの場合にシミュレーションされた確率の平均値が載っていますが、確率の場合は平均値よりも中央値を使うことが多いので、ここでは中央値と95％確信区間を表示します。中央値はそこを境目に分布の左右の面積が等しくなる点ですから、50％値に相当します。

【図5-3：DMを送った場合と送らなかった場合の商品購入確率の中央値と95％確信区間】

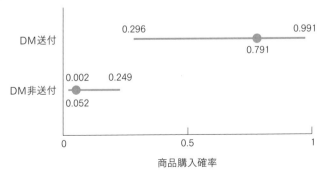

図5-3には、DMを送付した場合と送付しなかった場合で、データからベイズ推定された商品購入確率の中央値と、推定された事後分布の95％確信区間を表示してあります。DMを送らなかった場合の95％確信区間の最大値（0.249）＜DMを送った場合の95％確信区間の最小値（0.296）ですから、2つの場合の商品購入確率は有意に違います。中央値ベースで、DMを送付したとき買ってもらえる確率は、DM非送付で買ってもらえる確率の約207倍（P.121の結果の表中のOR）にもなり、DMを送付すれば、そのうちの約8割の客が商品を買ってくれることも分かります。図示しませんが、DMを送った場合と送らなかった場合に、買ってもらえなかった確率には有意差がないことも分かります。これらのデータに基づけば、この会社は、DMを送付すべきかどうかについて、DM送付のコストなども考慮に入れた合理的な判断をすることができるでしょう。

　ここではあえて、会社業務に関わるような例を出しましたが、もちろん科学の世界でも使えます。例えば、ある病気の人たちを2群に分け、新薬を投与したグループと投与しなかったグループで、5年後生存率に有意差があるかどうかという問題なら、データを書き換えるだけで同じ実行ファイルで検定ができます。実行ファイルに何がどのように書いてあるかが分からないと自分で実行ファイルは書けませんが、そのあたりは、例題が豊富で分かりやすく解説した教科書が上記以外にも多数出ているので、それを見て勉強すればよいでしょう。

　もう1つ重要なことがあります。P.150で元データにFisherの正確確率検定をかけました。$p = 0.06993 > 0.05$で、「DM送付の有無にかかわらず、商品購入率に有意差はない」という結論になりましたが、ベイズ統計の検定では「有意差がある」という結論になっています。これは頻度主義統計ではデータの数が少ないと誤差が大きくなり、有意差が出にくくなるからです。その証拠に、試しにデータの比率はそのままで、各欄の数字を2倍にしてFisherの正確確率検定をかけると$p = 0.002239 < 0.05$となり「有意差がある」となります。もちろん、科学論文でこんな操作をしたら「データのねつ造」になってしまいますが、データ数を増やせば有意差が出るかもしれないという目安にはなりますから、もうちょっと頑張ってデータを追加すれば、望む結果が得られるかもしれません。

一方ベイズ統計ではシミュレーションで事後分布を出すので、少ない数の元データからでも、試行回数を大きく取れば、誤差を吸収する形でかなり正確に事後分布を推定できるので有意差が出てきます。これはベイズ統計が有利な点の1つです。もちろん元データのサンプル数が多い方が、元データ自体が含む真の値からの偏りが小さくなることが期待できるので、元データをたくさん取れるならそれに越したことはありませんが、データによっては、たくさんのサンプル数をそろえるのが難しい場合もあります。例えば、非常に数の少ない特別天然記念物の動物などの研究では、そもそも滅多にいないので大きな数のデータセットを取ることは不可能です。それでもある程度の数のデータがあれば、ベイズ統計なら信頼できる結果を導くことが可能です。ベイズ統計の詳しい解説はこれ以上は控えますが、興味がある方は自分で勉強して使ってみてはいかがでしょうか。実行ファイルさえ書ければ、あとはRがやってくれます。

第5章のまとめ

変数 y が二値形質（起こる／起こらないなど）			
yes			no
独立変数は			GLM （まとめの表4参照）
連続変数 （整数を含む）	カテゴリー （ある処理をした/しない等）		
ロジットリンクの 二項分布を用いた GLM	データ数が		
	大きい	小さい	
glm(y~x, binomial(logit))	比率の検定 （まとめの表3参照）	ベイズ統計による 確信区間の比較	

第 **6** 章

複数の独立変数が影響を与えている

従属変数に関して、

特定の要因だけの影響を

知りたいときにどうすればいいか？

一般化線形混合モデル
(Generalized Linear Mixed Model: GLMM)

　データの種類によっては、GLMや多項式で回帰しても、複数の独立変数が同時に従属変数に対して有意な影響を与えている場合があります。あるいは、どう考えてもどれかの独立変数は影響があるはずなのに、どの独立変数も有意にならない場合もあります。前者で、どれか1つの独立変数の影響を見たいとき、後者で本当にどれも影響はないのかを調べたいときにはどうしたらいいでしょうか。次の図6-1を見てください。

【図 6-1：GLMM が有効になる 2 つの場合】

a　クラス内では回帰があるのに、全体ではなくなる場合

従属変数

独立変数

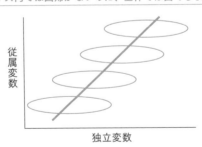

b　クラス内では回帰がないのに、全体では出てしまう場合

従属変数

独立変数

　GLMMが有効になるときは、データの中に異なるクラスから繰り返しデータ点を取ったデータ群が混在しているときです。仮想的な例ですが、例えば図6-1aの斜めになった4つの楕円が、左からアフリカのピグミー族、日本人、アメリカ人、アフリカのマサイ族の男性の身長（独立変数）と、両手

を広げたときの右手と左手の指先の距離(従属変数)を表しているとしましょう。もちろん、人間、背の高い人の方が一般的に広げた両手間距離も大きいでしょうから、各民族の内部では、この2つの変数間には正の相関があり、身長を独立変数と見なせば、身長が高いほど広げた両手間の距離も大きくなるという関係があるはずです。しかし、民族により平均身長は違うので、そのことを考慮に入れず、全部のデータをまとめて分析すると思わぬ間違いを犯すことがあります。上に挙げた順に平均身長は低いと予想されますから、民族の違いを無視して全部のデータをまとめて回帰を取ると、図6-1aの青い実線のように、両変数の間には「有意な回帰はない」と間違った結論を導いてしまいます。つまり「本当は『ある』のに『ない』と判定してしまう」間違いを犯します。

　逆に「本当は『ない』のに『ある』と判定してしまう」間違いを犯すこともあります。図6-1bのように、4つの集団から独立変数と従属変数のデータを取ってきて、まとめて分析する場合、各集団内では独立変数は従属変数に影響を与えていないのに、従属変数の平均値が集団によって異なると、データをまとめて解析すると、青い実線のような有意な正の関係が現れてしまいます。

　こういう「階層的な構造を持ったデータ」をGLMMによって分析すると、正しい結論を導くことができます。ファイル6-1a.4地域のカブトムシの体長と角長.csvに図6-1aのような構造を持ったデータ、ファイル6-1b.体サイズvs胃内容物重量.csvに図6-1bのような構造を持ったデータを用意しました。これらを用いてGLMとGLMMを使った場合で結果がどうなるかを調べてみましょう。人間を引き合いに出すと何かとうるさい世の中ですから、4つの地域にいるカブトムシの体長（角を除いた全長）と角の長さの関係を表しているということにします。

6-2. 本当は関係があるのにデータをまとめると関係がないように見える場合

　ファイル6-1aのデータを地域ごとにプロットした散布図を図6-2に示します。

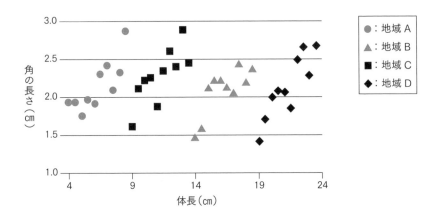

【図 6-2：4 つの地域から採取したカブトムシの体長と角の長さの関係】

　まず、全部のデータを込みにしてGLMで分析してみます。こういう生物の長さや重さ（「量的形質」といいます）のデータの誤差は正規分布をしているのが普通です。なぜなら、長さなどの大きさが決まるにはたくさんの遺伝子とその産物であるタンパク質が関係しており、1つひとつがわずかな誤差をもたらし、各遺伝子の効果は独立にプラスまたはマイナスに働くので、全体の誤差は、平均値を中心に正規分布になるのです（平均値からの偏りが大きいほどたくさんの遺伝子が同じ方向に誤差を生じなければならないので、そんなことは起きにくくなるからです）。

　したがって、GLM で使う分布はgaussianにします。リンクはidentityが一番正規分布からのずれが小さいのでgaussian（identity）を用いてもよさそうですが、図6-2の一番左の黒丸のデータ（ダミー変数1の集団から採ったサンプル）を見ると、体サイズ（BL）が大きくなると角が指数的に長くなっているように見えます（体長が大きくなると、角の長さはその比率以上に長くなるということです）。そこで、指定するリンク関数を決めるため、そのままの角の長さ（HL）と、自然対数変換した角の長さ（lHL）のどちらが、BL に対して回帰したときにAICが小さくなるかを見ます。あらかじめデータファイルにはHL を自然対数変換したlogHL が入っているので、これを読み込み、HL と lHL の BL に対する直線回帰を取り、2つのモデルのAICを算出せて比較します。

```
data<-read.csv(file.choose(), fileEncoding="CP932")
BL<-(data$BL)
HL<-(data$HL)
lHL<-(data$logHL)
Area<-(data$Area)
m1<-lm(HL~BL)
m2<-lm(lHL~BL)
>AIC(m1)
[1] 34.17607
> AIC(m2)
[1] -25.08896
```

となり、lHLを回帰したモデルのAICの方がはるかに小さい上、lHLの正規分布からのずれをShapiro.test()で検定しても $p = 0.5275 > > 0.05$ なので、このデータに対するリンク関数はlogを指定します。生物のデータではない場合には、第4章で述べた誤差分布の推測法を用いて、適切な分布を選んでください。

これらの事前分析から、全データをまとめたデータセットに対して、分布はファイル6-1a.4地域のカブトムシの体長と角長.csvを読み込み、各変数を独立の変数に格納した上で、gaussian（log）を使ったGLM分析を行ってみます。

```
> data<-read.csv(file.choose(), fileEncoding="CP932")
>HL<-(data$HL)
>BL<-(data$BL)
>Area<-(data$Area)
> model18<-glm(HL~BL,family=gaussian(log))
> summary(model18)
Call:
glm(formula = HL ~ BL, family = gaussian(log))
Deviance Residuals:
```

```
       Min       1Q    Median        3Q        Max
   -0.7740   -0.1748   -0.0046    0.2180     0.7546
Coefficients:
              Estimate    Std.       Error    t value Pr(>|t|)
(Intercept) 0.730094    0.071452    10.218    1.87e-12 ***
BL          0.003008    0.004459     0.675    0.504
---
Signif. codes:  0 '***' 0.001 '**' 0.01 '*' 0.05 '.' 0.1 ' ' 1
(Dispersion parameter for gaussian family taken to be
0.1246626)
    Null deviance: 4.7941  on 39  degrees of freedom
Residual deviance: 4.7372  on 38  degrees of freedom
AIC: 34.178
Number of Fisher Scoring iterations: 4
```

　図6-2から予想されるように、$p = 0.504 >>> 0.05$ で、独立変数BLは従属変数HLに対して全く有意になりません。

　しかし、このサンプルは4つの異なる地域から10匹ずつがサンプリングされているため、地域間の差を考慮するためGLMMを使った解析をかけるべきです。ファイル6-1a.4地域のカブトムシの体長と角長.csvには、採集地域を表すダミー変数（1列目のArea（1~4））が入っています。この変数を考慮してGLMM分析を行います。GLMMでは、その影響を考慮する値（ここでは地域）のことを「変量効果」、変量効果を除いた上で影響の有無を知りたい独立変数のことを「固定効果」と呼びます。変量効果は確率的要因（確率的に変化する生息環境の違いなど（ここで言うクラスにより確率的に異なる））により変化する値なので、それが回帰係数という『定数』として影響の有無を知りたい固定効果の推定を攪乱します。したがって、GLMMで変量効果を考慮した分析をしないと、変量効果の影響で上記のような間違った結果を導きかねないのです。

　GLMM分析をするためにはいくつかのパッケージがありますが、ここではlme4というパッケージを使います。lme4だと、2つ以上の変量効果を同

時にモデルに組み込むことができ、1つしか組み込めない他のパッケージよりも使い勝手がいいのです。lme4をRにインストールしておき（依存パッケージ数が多いので、Windowsでは手間がかかります）、以下のように実行します。lme4では、glmer（）関数でGLMM分析が行えて、その記述法はmodel名 < -glmer（y~x ＋（1|C）,family ＝使う分布（リンク関数））です。Cが変量効果として扱う測定値（ここでは地域）で、2つ以上ある場合は、＋（1|C1）＋（1|C2）のように付け加えていけばOKです。もちろん、独立変数もx1、x2のように複数取ることが可能です。

```
>library(lme4)
> model19<-glmer(HL~BL+(1|Area),family=gaussian(log))
> summary(model19)
Generalized linear mixed model fit by maximum likelihood
(Laplace Approximation) ['glmerMod']
 Family: gaussian  ( log )
Formula: HL ~ BL + (1 | Area)

     AIC      BIC   logLik  deviance  df.resid
    10.5     17.2     -1.2       2.5        36
Scaled residuals:
    Min       1Q   Median       3Q       Max
-1.32147  -0.64723  0.08095   0.64884   1.27106
Random effects:
 Groups    Name         Variance  Std.Dev.
 Area      (Intercept)  0.04605   0.2146
 Residual               0.07757   0.2785
Number of obs: 40, groups:  Area, 4
Fixed effects:
            Estimate Std.  Error   t value   Pr(>|z|)
(Intercept)  -0.47950   0.33222   -1.443    0.149
BL            0.08407   0.01045    8.043    8.79e-16 ***
---
```

```
Signif. codes:  0 '***' 0.001 '**' 0.01 '*' 0.05 '.' 0.1 ' ' 1
Correlation of Fixed Effects:
    (Intr)
BL -0.477
```

　このように、GLMでは全く有意にならなかったBLですが、地域差を考慮すると、実はHLに対して大きな有意性を持つ正の影響があると言ってよいことが分かります。

6-3. 本当は関係がないのに、まとめるとあるように見える場合

　前節で扱ったデータとは逆に、図6-1bのように、クラス内には相関がないのに、データ全部をまとめてみると相関（or回帰）があるように見えるときがあります。ファイル6-1b.4地域のネズミの胃内容物重量.csvを使って、そういう場合のGLMMの威力を見てみましょう。図6-3は、4つの地域からある種類のネズミを10匹ずつ採集し、その体長（口先から尾の付け根までの長さ（cm））と胃内容物の重量（g）の関係を、地域を無視してプロットした散布図です。ただし、地域ごとにマーカーは変えてあります。

【図6-3：4つの地域から採集したネズミの体長と胃内容物重量の関係】

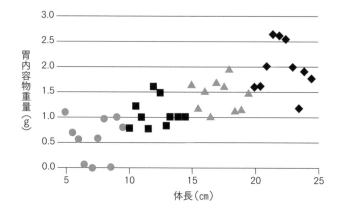

このデータを、体長を独立変数、胃内容物重量を従属変数として、直線回帰とGLMで分析してみましょう。データ（ファイル6-1b.4地域のネズミの胃内容物重量.csv）を読み込んで、変数を格納します。

```
> data<-read.csv(file.choose(), fileEncoding="CP932")
> BS<-(data$BodySize)
> SCW<-(data$SCW)
> A<-(data$Area)
```

1）直線回帰

```
> model20<-lm(SCW~BS)
> summary(model20)

Call:
lm(formula = SCW ~ BL)
Residuals:
     Min       1Q   Median       3Q      Max
-0.85083 -0.21708 -0.03644  0.25292  0.96510
Coefficients:
              Estimate  Std. Error  t value  Pr(>|t|)
(Intercept) -0.07043     0.18637    -0.378    0.708
BL           0.09027     0.01177     7.671    3.1e-09 ***
---
Signif. codes:  0 '***' 0.001 '**' 0.01 '*' 0.05 '.' 0.1 ' ' 1
Residual standard error: 0.4295 on 38 degrees of freedom
Multiple R-squared:  0.6076,    Adjusted R-squared:  0.5973
F-statistic: 58.85 on 1 and 38 DF,  p-value: 3.095e-09
Multiple R-squared:  0.6215,    Adjusted R-squared:  0.6115
F-statistic: 62.39 on 1 and 38 DF,  p-value: 1.548e-09
> AIC(model20)
```

```
[1] 49.85749
```

直線回帰では、BL は SCW に高度に有意な正の回帰を示します。

2) GLM

　まず、従属変数 y の誤差の分布型を調べなければなりませんが、重さは量的形質なので、gaussian（identity）を使用するのが良いと思われます。第4章で述べたように、誤差分布がガウス分布でリンク関数が identity の場合、それは直線回帰と同じ結果になるので、GLM の計算は省きます。

　変数変換をして負の二項分布を用いてやってみても、AIC は直線回帰モデルの方が低いので、このモデルでいいでしょう。

　直線回帰の結果から、BL（体長）は SCW（胃内容物重量）に高い有意性で「正」の影響を与えている、という結果になります。つまり、全部のデータをまとめて分析すると、「体サイズが大きいほど胃内容物の重量が重い」という結果になります。よく覚えておいてください。

　次に地域（Area）を共変量にして、GLMM で分析してみます。分布はgaussian（identity）でいいでしょう。gaussian（identity）で GLMM を実行すると、lme4 は自動的に lmer（）という、直線回帰で変量効果を考慮した、固定効果の回帰を行うようになっています。やってみます。

```
> model21<-glmer(SCW~BS+(1|Area),family=gaussian(identi
ty))
　警告メッセージ :
 glmer(SCW ~ BS + (1 | A), family = gaussian(identity)) で :
   calling glmer() with family=gaussian (identity link)
as a shortcut to lmer() is deprecated; please call
lmer() directly

> summary(model21)
Linear mixed model fit by REML ['lmerMod']
Formula: SCW ~ BS + (1 | A)
```

```
REML criterion at convergence: 37.8
Scaled residuals:
     Min        1Q    Median        3Q       Max
-2.82981  -0.44760  -0.00116   0.50054   1.46651
Random effects:
 Groups    Name           Variance   Std.Dev.
 Area      (Intercept)     1.54509    1.2430
 Residual                  0.08924    0.2987
Number of obs: 40, groups:  Area, 4
Fixed effects:
              Estimate    Std. Error   t value
(Intercept)    2.31700      0.73337     3.159
BS            -0.21551      0.07886    -2.733
Correlation of Fixed Effects:
   (Intr)
BS -0.527
```

　ね、警告メッセージが出て、lmer（）を使え、と言ってきますね。lmer（）
は、独立変数のt統計量は計算してくれますが、p値の表示をしてくれません。
これはプログラムを書いた人の「信念」に基づくものと思われますが、いく
つか計算させる方法はあり、ここでは最も簡単な、pt関数を使ったやり方で
p値を算出します。記述式は次の通りです。

```
2 * (1 - pt(t 値の絶対値 ), データの総数 - 固定効果の数 ))
```

　これにmodel21の結果を入れてp値を計算させると、

```
> 2*(1-pt(abs(-2.733),40-1))
[1] 0.009384221
```

となり、lmer（）モデルからBLの回帰係数は-0.21551（マイナスである

ことに注意！）で、p = 0.009384 ＜＜ 0.05 となり、有意な「負」の回帰が検出されました。まとめたデータでは有意な「正」の回帰でしたが、いったいどういうことでしょうか？　図6-4のような状況と考えられます。

【図 6-4：地域ごとには負の回帰があるが、全体をまとめると正の回帰が出る例】

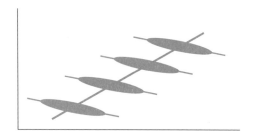

　つまり、地域ごとには「体サイズが大きくなると胃内容物は少なくなる」という関係があるのに、地域ごとに平均体サイズが異なるので、データをまとめて分析すると「体サイズが大きくなると胃内容物が多くなる」という全く逆の結論を導いてしまったのです。

6-4. 変量効果を生じさせるクラスとは？

　ここでは変量効果のクラスは「地域の違い」でしたが、クラスはいろいろな形で現れます。例えば、ある病気の4人の患者に、薬を様々な濃度で与えて、病状の改善効果があるかどうか調べたとします。従属変数（縦軸）の値が大きいほど改善効果が高いとすると、図6-5aや6-5bのようだったら、GLMMを使わないと正しい結果が得られないことはもうお分かりでしょう。そして、この場合の変量効果のクラスは「個人」ということになります。

【図6-5：ある病気の4人の患者に、薬を様々な濃度で与えたときの病状改善の度合い】

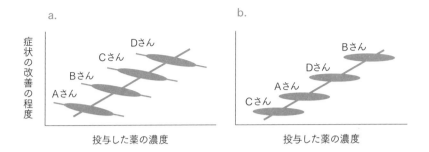

症状の改善の程度

a.

Dさん
Cさん
Bさん
Aさん

投与した薬の濃度

b.

Bさん
Dさん
Aさん
Cさん

投与した薬の濃度

　まとめたデータで分析すれば、どちらも「投与した薬の濃度が高いほど症状は改善される」という結論になってしまいますが、GLMMを正しく使えば、図6-5aは「濃度が薄めの方がよく効き、どの濃度範囲で効くかは人によって違う」という結論が、図6-5bの場合には「この薬は症状改善に効果がない」という結論になるので、GLMMを使わないと正しい結論が得られません。

　GLMMが威力を発揮するのは、個人や地域といった変量効果と見なせるもののクラスから「繰り返し」データが取られているときです。こういう構造をしていれば、変量効果ごとに、変量効果を考慮した上で固定効果が従属変数と関係があるかどうかを調べられるのです。しかし、調査の内容によっては、1つの変量効果クラスから1つのデータしか得られないようなものもあります。

　また、前に出てきた重回帰がうまくいく条件は複数の独立変数の間に相関がないことでしたが、複数の独立変数の間に相関がある場合も当然出てきます。そういうときにはGLMMではうまくいかない場合がありますが、私のラボの学生が持ってくる分析結果では、そういう場合に何も考えずに、使用条件を満たさない独立変数を変量効果に指定して、不適切なGLMMをかけていることがよくあります。

　ではそういう場合にはどうしたらいいのか？　6-6節で説明することにします。ちょっと待っててください。

6-5. 複数の独立変数の従属変数に対する回帰が有意になる場合に、他の独立変数をコントロールして、ある独立変数の効果だけを知りたいときにはどうすればいいか？

　GLMMにより、複数のクラスから繰り返しサンプルが取られている場合、変量効果を考えた上での分析が有効なことは分かりましたが、GLMMが使えない場合もあります。GLMMで変量効果として取り扱えるのは、例に出した「個体」や「地域集団」のように、それぞれのクラスから複数回データが取られていて、いわば全データがいくつかのクラスに分けられている場合だけです。そのクラスを変量効果として扱い、全体の傾向とは別の関係がクラスごとの中にあるかどうかを見ているわけです（図6-1 〜 6-5参照）。

　しかし、例えば、同じ地域集団からたくさんのデータを取り、複数の独立変数を用いて、どの要因（独立変数）が一番重要なのかを知りたいときなどは、変量効果に指定すべきクラスがないのでGLMMは使えません。私のラボの学生さんなどは、こういうデータでも、ある独立変数を平気で変量効果に指定してGLMMをかけて、その独立変数の影響を除去したつもりの分析結果を持ってきたりします。もちろん、何かの数字は計算で出てくるわけですが、「ちょっと待て！」と言いたくなりますね。

　ただし、1つのクラスから複数の独立変数で回帰を取っているとき、他の変数の影響を取り除いた上で特定の変数の影響だけを見たいときが確かにあります。次節ではこういうデータの取り扱いについて説明しましょう。

6-6. データの標準化

　直線回帰やGLMでの重回帰の場合、各独立変数間に相関がない場合に限って、全ての独立変数に「標準化」と呼ばれる処理を施すことで、各独立変数の従属変数に対する相対的な効果の大きさを比較することができます。標準化とは、個別の独立変数それぞれを、平均値とそのデータセットの標準偏差（データのバラツキを表す指標の1つ。下記の計算式を参照）を用いて、

各データ値に対して、（x − x の平均値）／（x の標準偏差）に直してやることです。こうすると、元々のデータを、平均値0、標準偏差1.0の大きさを持つデータセットに変換することができます。このデータには、独立変数による平均値や分散の大きさに差がないので、各独立変数の回帰係数がそのまま、各独立変数の単位変化量が従属変数の変化量に与える相対的な影響の強さとして評価できるのです。

分散

$$s^2 = \frac{1}{n-1}\sum_{n=1}^{n}(x_i - \overline{x})$$

標準偏差

$$\sigma = \sqrt{\frac{1}{n-1}\sum_{i=1}^{n}(x_i - \overline{x})^2}$$

　ちょっと寄り道ですが、上記式から、標準偏差は、データセットの分散のルートを取ったものであることが分かります。ファイル6-2.重回帰標準化.csvのsx1、sx2のデータは、それぞれの平均値、標準偏差ですでに標準化してあります。まずは、データを読み込み、sx1 − sx2 の相関の有無を確かめます。

```
> data<-read.csv(file.choose(), fileEncoding="CP932")
> sx1<-(data$sx1)
> sx2<-(data$sx2)
> y<-(data$Y)
> cor.test(sx1,sx2,method="pearson")
        Pearson's product-moment correlation
data:  sx1 and sx2
t = 9.5548, df = 29, p-value = 1.835e-10
alternative hypothesis: true correlation is not equal to 0
```

```
95 percent confidence interval:
 0.7475978 0.9364366
sample estimates:
      cor
0.8711634
```

sx1、sx2 の間には、r＝0.871, p＜1.835e-10 という強い正の相関があります。
そこで、まずyに対するsx1、sx2の単回帰を取ってみます。

```
> model22<-lm(y~sx1) 🖱
> summary(model22) 🖱
Call:
lm(formula = y ~ sx1)
Residuals:
    Min      1Q  Median      3Q     Max
-4.1813 -1.8493 -0.3987  1.9256  5.1456
Coefficients:
             Estimate  Std. Error  t value  Pr(>|t|)
(Intercept) 21.6448     0.4525      47.83    <2e-16 ***
sx1         12.8403     0.4600      27.91    <2e-16 ***
---
Signif. codes:  0 '***' 0.001 '**' 0.01 '*' 0.05 '.' 0.1 ' ' 1
Residual standard error: 2.52 on 29 degrees of freedom
Multiple R-squared:  0.9641,   Adjusted R-squared:  0.9629
F-statistic: 779.1 on 1 and 29 DF,  p-value: < 2.2e-16

> model23<-lm(y~sx2) 🖱
> summary(model23) 🖱
Call:
lm(formula = y ~ sx2)
Residuals:
```

```
     Min     1Q  Median      3Q     Max
-8.7726 -3.3590  0.9947  2.8172  8.2788


Coefficients:
            Estimate  Std. Error  t value  Pr(>|t|)
(Intercept)  21.6448      0.8006    27.03   < 2e-16 ***
sx2          12.3208      0.8139    15.14  2.65e-15 ***
---
Signif. codes:  0 '***' 0.001 '**' 0.01 '*' 0.05 '.' 0.1 ' ' 1
Residual standard error: 4.458 on 29 degrees of freedom
Multiple R-squared:  0.8877,   Adjusted R-squared:  0.8838
F-statistic: 229.2 on 1 and 29 DF,  p-value: 2.65e-15
```

単独で回帰を取ると、sx1、sx2両方がyに対して高度に有意な正の回帰を示します。sx1 – sx2間に有意な相関があるので、重回帰を取るのに良い条件ではありませんが、取りあえず、sx1、sx2とその交互作用を含むyに対する重回帰を取ります。Rでは、回帰式をy~x1*x2のように、交互作用を取りたい独立変数間を*にして式を作ると、それらの変数間の交互作用とその有意性を計算してくれます。交互作用とは、例えばx1 × x2が大きいと従属変数が大きくなるなどの、「複数の独立変数の関係」が従属変数に影響を与える場合に使われる呼称です。極端な場合、各独立変数の回帰は有意にならず、交互作用だけが有意になる場合もあります。

```
> model24<-lm(y~sx1*sx2)
> summary(model24)
Call:
lm(formula = y ~ sx1 * sx2)
Residuals:
     Min       1Q   Median       3Q      Max
-1.64970 -0.66768  0.02115  0.67030  1.73859
Coefficients:
```

```
            Estimate Std. Error t value Pr(>|t|)
(Intercept) 21.70193    0.23436  92.602  < 2e-16 ***
sx1          8.77339    0.36185  24.246  < 2e-16 ***
sx2          4.69938    0.34954  13.445 1.76e-13 ***
sx1:sx2     -0.06772    0.19321  -0.351    0.729
---
Signif. codes:  0 '***' 0.001 '**' 0.01 '*' 0.05 '.' 0.1 ' ' 1

Residual standard error: 0.9381 on 27 degrees of freedom
Multiple R-squared:  0.9954,    Adjusted R-squared: 0.9949
F-statistic:  1934 on 3 and 27 DF,  p-value: < 2.2e-16
```

　このように、sx1、sx2は有意になりますが、交互作用は有意になりません。そこで、交互作用項をはずしたモデルを計算させます。Rでは、複数の独立変数を用いる場合、回帰式を指定するとき独立変数を＊でつなぐとその交互作用項を含めたモデルを計算し、＋でつなぐと交互作用項を計算しません。特定の交互作用（例：x1とx2）だけを計算させたいときは、各独立変数を＋でつないだ式を書いた後に＋x1:x2と書けば、その交互作用項だけ計算してくれます（例：y~x1＋x2＋x3＋x1:x2）。

```
> model25<-lm(y~sx1+sx2)
> summary(model25)
Call:
lm(formula = y ~ sx1 + sx2)
Residuals:
     Min      1Q  Median       3Q     Max
-1.58569 -0.66317  0.03624  0.69151 1.79176
Coefficients:
            Estimate Std. Error t value Pr(>|t|)
(Intercept) 21.6448     0.1658  130.52  < 2e-16 ***
sx1          8.7397     0.3433   25.45  < 2e-16 ***
```

```
sx2              4.7071       0.3433    13.71  6.05e-14 ***
---
Signif. codes:   0 '***' 0.001 '**' 0.01 '*' 0.05 '.' 0.1 ' ' 1
Residual standard error: 0.9233 on 28 degrees of freedom
Multiple R-squared:  0.9953,    Adjusted R-squared:  0.995
F-statistic:  2995 on 2 and 28 DF,  p-value: < 2.2e-16
```

sx1、sx2とも有意になり、このデータはすでに標準化されているので、x1、x2の相対貢献度はx1：x2 = 8.7397：4.7071です。

もし、標準化されていないデータx1、x2をR内で標準化したい場合、標準化データは（各データ値−そのデータ値群の平均値）／そのデータ値群の標準偏差）を計算することで得られますから、下記のようにすればOKです（sx1、sx2が標準化されたデータ）。これで重回帰すれば各独立変数の相対貢献度を知ることができます。

```
>sX1<-(x1-mean(x1))(/sd(x1)
>sx2<-(x2-mean(x2))(/sd9x2)
```

また、標準化した複数の独立変数でGLMを行えば、やはり各独立変数の相対的貢献度になります。

この時の回帰係数（x1: 8.7397, x2: 4.7071）が、x1、x2がyに与える影響の相対値になります。しかし、x1−x2間に強い正の相関があるので、どちらかの有意性はこの相関に引きずられて出てきたものかもしれません。そこで、互いの影響を慮した上でもx1、x2はyに対して有意な影響を与えているかを、「残差分析」と呼ばれる方法で調べます。

6-7. 残差分析

「残差」という言葉を聞いたことがない人も多いでしょう。しかし、非常に

簡単なことです。1つの従属変数yと相関のある2つの独立変数x1、x2で、x1の影響を除いた形でx2がyにどのような影響を与えているか知りたいとします。まずy~x1で回帰します。直線回帰で図6-6のような結果だとします。このとき、各データ点は回帰線の回りにばらついていますからy＝x1＋bの回帰線に各データ点からy軸と平行な線を引くことができます。この線の「長さ」に、回帰線の予測値からプラスにずれていればプラスの符合を、マイナスにずれていればマイナスの符号を付けたものが、各データ点からの回帰線に対する「残差」です。これをrx1と表すことにしましょう。

【図 6-6：x2 に対する y の回帰における残差】

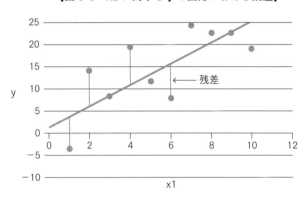

　残差の意味ですが、回帰線は、データx1とyの回帰式から推定された、「x1の値から予想されるyの値」を表しています。残差rx1は予測値からの実際のデータの「ずれ」を表していますから（図6-6参照）、その「ずれ」の大きさは、何が原因で生じたのかという問題を考えることができます。知りたいことは、x2が、x1の影響を除いたときにyにどういう影響を与えているかです。rx1は、x1から予測されるy値からの実際のデータの「ずれの大きさ」ですから、rx1～x2の回帰を取って、回帰係数が有意になれば、x2はx1によるyの予測値からのずれに、どのくらいの強さでプラス（あるいはマイナス）の影響を与えているか、が分かることになります。

　したがって、rx1～x2の回帰係数が有意ならば、x2はx1のy値に対する影響を取り除いた上で、y値にどういう影響を与えているかが分かることになります。

rx1 〜 x2 の x2 の回帰係数が残差に対してプラスに有意ならば、x2 が大きくなると y も大きくなる（残差が大きくなるから）、マイナスに有意ならば、x2 が大きくなると y は小さくなることが示されます。逆に x2 をコントロールしたい場合は、rx2~x1 という回帰を取って、x1 が残差 rx 2 の大きさに有意な回帰係数を示すかどうかを見ます。こうすると、データセットの中にクラスがなく、GLMM 分析には適さないデータセットでも、他の変数の効果をコントロールした形で特定の変数の影響を見ることができます。

　ただし、注意点が 1 つあります。長さや重さのような量的形質を扱う場合、x が小さい時は残差も小さく、x が大きくなると残差も大きくなりがちであると言われています。このような場合、コントロールした変数（x1 とします）以外の知りたい独立変数（x2 とします）の y に対する回帰の値がバイアスします。なぜなら、x1 が小さいと対応する rx1 も小さくなるので、x2 の同じ量の変化に対して y に当たる rx1 の値が、x1 の値によって異なってしまうからです。しかし符号は変わらないので、符号の向きだけで議論することはそのままで良いでしょう。しかし、回帰係数の大きさを問題にしたい場合は、1）回帰線周りの残差の分散が、x が小さいところの狭い範囲と、x が大きいところの同じ幅の範囲で有意差がないかどうかを var.test（）などで調べる、2）残差を取った回帰モデルの独立変数（ここでは rx1 と rx2）を用いて cor.test（rx,x,mathod = "pearson"）で、相関係数が有意であるかどうかを見ればよいでしょう（注：pearson の積率相関係数を計算させたい場合、method = "pearson" は取ってしまってもいいです。つまり cor.test（A,B）だけで、A － B 間の積率相関係数を計算してくれます）。有意でなければそのまま扱い、有意であった場合には、残差の絶対値に対して、x の大きさを考慮した何らかの変数変換を行い、残差の大きさの x1 に依存したバイアスを取り除いてから分析したほうがよいでしょう。

　今のデータで例えば、y~x1 からの残差 lx1 に対して、lm（lx1~x）の回帰が適切なモデルとして選ばれたとして、その回帰式が lx = 2x だったとすれば、残差をとった最小の x 値を minx とした場合、x 値ごとの残差を、clx1 = lx1*（その残差を取った x 値／ minx）で変数変換して補正し、全ての x 値に対して同質の残差、clx1 を算出して、それを用いて分析すればよいでしょう。

　ここでのデータ（ファイル 6-2.重回帰標準化 .csv）に対して、lm（y~xn）（n

＝1 or2）の回帰を取ったときの残差の絶対値rx1＆rx2を計算させて、cor. test（rx1~x1）、cor.test（rx2,x2）を実行したときのPearsonの積率相関係数rとp値は、x1:0.104、p＝0.0577；x2: -0.094、p＝0.616となり、それぞれのx値はそれぞれの残差と全く有意な相関を示さないので、残差の値がx値と共に大きくなったり小さくなったりということはなく、そのまま分析を進められます。

　では、ファイル6-2.重回帰標準化.csvのデータを用いて、もう1つの独立変数をコントロールしたときの、もう1つの独立変数のyに対する影響の有無を実際に分析してみましょう。まず、lm（y~sx1）からの残差rx1とlm（y~sx2）からの残差rx2を計算しておきます。Rを用いると簡単に計算できます。lm（y~sx1）とlm（y~sx2）からの残差ですから、model22とmodel23です。

```
> rsx1<-residuals(model22)
> rsx2<- residuals(model23)
```

　residuals（）関数は、カッコ内のモデルからの残差を各データ点について計算して、指定した変数に格納してくれる便利な関数です。これで準備は完了です。

```
> model27<-lm(rsx1~sx2)
> summary(model27)
Call:
lm(formula = rsx1 ~ sx2)
Residuals:
    Min      1Q  Median      3Q     Max
-3.0561 -1.9133 -0.4921  1.9735  4.4403
Coefficients:
             Estimate  Std. Error  t value  Pr(>|t|)
(Intercept)  7.321e-11  4.023e-01    0.000   1.00000
sx2          1.135e+00  4.089e-01    2.775   0.00956 **
```

```
---
Signif. codes:  0 '***' 0.001 '**' 0.01 '*' 0.05 '.' 0.1 ' ' 1
Residual standard error: 2.24 on 29 degrees of freedom
Multiple R-squared:  0.2098,    Adjusted R-squared:  0.1826
F-statistic:   7.7 on 1 and 29 DF,  p-value: 0.009561
```

rx1はsx2から、rx2はsx1から、それぞれ有意な正の影響を受けています。残差は、yを回帰するのに用いた独立変数（ここではsx1またはsx2）による回帰モデルからの「ずれ」の大きさですから、その「ずれ」は、回帰モデルの計算に用いたsx1、sx2が説明しきれなかったyの値そのものです。したがって、rx1、rx2がそれぞれsx1、sx2から有意な影響を受けているということは、回帰モデルに用いた相関のある独立変数sx1、sx2の効果を除去しても、sx1とsx2はyの大きさに対して、個別に有意な影響を与えているということを示しています。したがって、sx1、sx2は、互いのyへの効果を除去してもなお、個別にyの値に影響していることが分かります。

残差分析を行うと、互いに相関がある独立変数を複数用いることで生じる重回帰の欠点を補い、各独立変数単独の有意性を、他の独立変数の影響を除外して調べることができるのです。気をつけることは、例えば、y~sx1から取った残差rsx1の絶対値がsx1と相関を持っていない事を確認するか、持っていた場合、sx1の大小にかかわらずrsx1とsx1が相関を持たないように、残差値を何らかの形で変数変換してから分析するということです。

ここでは使う独立変数が2つの直線重回帰についての分析なので、他の独立変数の影響を除去するのに単回帰からの残差を使っていますが、独立変数が3つ以上ある場合、調べたい1つの独立変数を除いた残りの複数の独立変数で重回帰を取り、residuals（）関数で、その平面（あるいは超平面、GLMなら曲面または超曲面）からの残差を計算して、それに対する調べたい独立変数の直線回帰、またはGLMで回帰の有意性を検定すればいいでしょう。

今回用いた例では、sx1－sx2間には強い正の相関があり、そもそも重回帰には不向きなデータです。また、データが、複数のクラスから複数回ずつ

サンプリングが行われているという、GLMM分析に適した構造もしていません。それでも残差分析を行えば、他の独立変数の影響を除いた上で、ある独立変数の従属変数に対する影響を検定することができるのです。上記の結果からは、単回帰や重回帰で現れたsx1の有意性はsx1 － sx2 間の強い相関に引きずられた擬相関（回帰）である一方、sx2のy に対する影響はsx1 － sx2 間にある相関のせいではなく、それとは無関係に存在しているということができるでしょう。

6-8. 残差分析の実際のデータへの適用

　さて、約束を果たすため、第5章で例題に出した、クワガタムシのような闘争する虫の大顎長と体サイズ、体長のどれが死ぬ日数に重要なのかをもう一度分析してみます。

　ファイル4-6.闘争回数と死亡日.csvを開き、データを格納します。DDは死亡日、ELはさや羽長（mm）で、ボディサイズの指標にします、BNDは生存期間中の1日当たり闘争回数です。DDの誤差の分布（図4-17参照）は右上がりなので、r DD < -51-DDで逆向きに分布の形を変えます。

```
data<-read.csv(file.choose(), fileEncoding="CP932")
DD<-(data$DD)
TBN<-(data$TBN)
BND<-(data$BND)
EL<-(data$EL)
rDD<-51-DD
library(MASS)
```

　また、ここでは直線回帰を使っていますが、GLMを使うこともできます。lmモデルとglmモデルの両方でモデル構築して、AICの低いモデルで行えばいいでしょう。ちなみに、ここで用いた例では、lm回帰モデルの方がずっと低いAICを示すので、直線回帰を用いました。複数独立変数モデルを用

いるときの残差の意味は、それらのモデルが作る回帰超平面（GLMの場合は超曲面）からのずれです。それらの超平面や超曲面は、問題の独立変数を除いた独立変数によるyの予測値ですから、それからの残差を用いた分析は単回帰の残差を用いたときと全く同じ意味を持ちます。つまり、他の独立変数の影響を取り除いたときの、問題にしている独立変数の従属変数に対する影響の有意性を検定していることになります。Rを用いた残差の計算のさせ方は全く同じです。

```
model<-glm(x1+x2+x3...+xn+( 必要ならば交互作用項 ),
family=gaussian(log))
residuals(model)
```

　このようにすれば、独立変数がいくつあっても簡単にGLMの超曲面からのyの残差を計算してくれますから、それを使って影響を知りたい変数以外の独立変数全部で回帰を取り、それからの残差に、知りたい変数がどのような影響を与えているかを見ればいいことになります。もちろん、lm モデルのAICの方が低ければそちらを用いて、超平面からの残差を用いればよいことです。
　ただし、単回帰で取った残差とその時のxの間の相関の有無はチェックしておいてください。

6-9. 戦う虫の体長と闘争回数のどちらが寿命に大きな影響を与えているか？

　まず、下記コマンドでファイル4-6.闘争回数と死亡日.csvを開き、必要な変数を格納します。

```
data<-read.csv(file.choose(), fileEncoding="CP932")
DD<-(data$DD)
TBN<-(data$TBN)
BND<-(data$BND)
```

```
EL<-(data$EL)
rDD<-51-DD
library(MASS)
```

glm（rDD~BND）とglm（rDD~EL）で、1日当たり戦闘回数とさや羽長の生存日数への影響を見ます。まず、ELとBNDの相関の有無を調べます。連続変数なので、Pearsonの積率相関係数です。

```
> cor.test(BND,EL)
      Pearson's product-moment correlation
data:  BND and EL
t = 1.0727, df = 18, p-value = 0.2976
alternative hypothesis: true correlation is not equal to 0
95 percent confidence interval:
 -0.2214189  0.6203504
sample estimates:
      cor
0.2451192
```

2変数の間に有意な相関はありませんから、重回帰をしても大丈夫です。次に、BNDとELそれぞれについてのrDDの誤差構造を調べます。次の図6-7のようでした。

【図6-7：BNDとELついてのrDDの誤差分布】

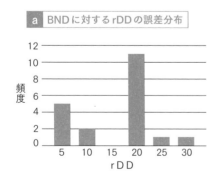

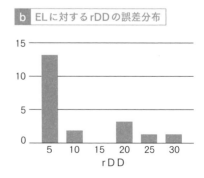

eBND < -c（5,2,0,11,1,1）でBNDに対するrDDの誤差分布を格納して、eEL < -c（13,2,0,3,1,1）でELに対するrDDの誤差分布を格納します。この2つの分布が正規分布からずれているかどうか、shapiro.wilk検定で検定します。

```
> eBND<-c(5,2,0,11,1,1)
> eEL<-c(13,2,0,3,1,1)
> shapiro.test(eBND)


	Shapiro-Wilk normality test
data:  eBND
W = 0.80415, p-value = 0.06403
> shapiro.test(eEL)
	Shapiro-Wilk normality test
data:  eEL
W = 0.69162, p-value = 0.005038
```

eELだけが、有意に正規分布からはずれています。この2つの変数を同時にGLMで扱うのは難しいので、独立に分析します。BNDは誤差分布から、使う分布がgaussian（identity）なので、lm（rDD~BND）で回帰、ELはglm.nb（rDD~EL）で回帰します。

```
model29<-lm(rDD~BND)
summary(model29)
Call:
lm(formula = rDD ~ BND)
Residuals:
    Min      1Q  Median      3Q     Max
-11.387  -3.787  -2.406   4.651  14.946
Coefficients:
             Estimate  Std. Error  t value  Pr(>|t|)
```

```
(Intercept)    -9.375      7.406     -1.266    0.2217
BND             8.636      3.836      2.251    0.0371 *
---
Signif. codes:  0 '***' 0.001 '**' 0.01 '*' 0.05 '.' 0.1 ' ' 1
Residual standard error: 8.024 on 18 degrees of freedom
Multiple R-squared: 0.2197,    Adjusted R-squared: 0.1763
F-statistic: 5.067 on 1 and 18 DF,  p-value: 0.03712


> model30<-glm.nb(rDD~EL)
> summary(model30)
Call:
glm.nb(formula = rDD ~ EL, init.theta = 0.7332850829,
link = log)
Deviance Residuals:
    Min      1Q    Median      3Q       Max
-1.2453  -1.0713  -0.9344   0.3041   1.4893
Coefficients:
              Estimate Std. Error z value Pr(>|z|)
(Intercept)     8.057      5.323    1.514    0.130
EL             -2.366      2.028   -1.167    0.243
(Dispersion parameter for Negative Binomial(0.7333)
family taken to be 1)
    Null deviance: 22.986  on 19  degrees of freedom
Residual deviance: 21.072  on 18  degrees of freedom
AIC: 122.01
Number of Fisher Scoring iterations: 1
              Theta:  0.733
          Std. Err.:  0.237
  2 x log-likelihood:  -116.007
> dp<-sum(residuals(model30,type="pearson")^2)/
model30$df.res
```

```
> print(dp)
[1] 1.218497
```

BNDはrDDに有意な正の回帰係数を、ELは有意になりませんでした。
念のため、model29からの残差をとって、ELで回帰してみます。

```
> rbndDD<-residuals(model29)
> prbndDD<-rbndDD+abs(min(rbndDD))+0.0000001
> hist(prbndDD)
```

glm.nb（）はy値がn≧0の整数でないと使えないので、y軸方向の誤差分
布の形から見てガンマ分布で回帰しました。ガンマ分布はn≧0の実数をx
軸に取るので、prelDDに0.0000001を足して上の条件を満たすよう変換した
うえで回帰します。

```
prbndDD<-prbndDD+0.0000001
```

```
> model31<-glm(prbndDD~EL,family=Gamma)
> summary(model31)
Call:
glm(formula = prbndDD ~ EL, family = Gamma)
Deviance Residuals:
    Min       1Q    Median       3Q       Max
-5.7512   -0.3456   -0.0890    0.2518    0.9650
Coefficients:
             Estimate  Std. Error  t value  Pr(>|t|)
(Intercept)  -0.34797     0.16512   -2.107    0.0494 *
EL            0.16918     0.06578    2.572    0.0192 *
---
Signif. codes:  0 '***' 0.001 '**' 0.01 '*' 0.05 '.' 0.1 ' ' 1
(Dispersion parameter for Gamma family taken to be 0.419533)
```

```
      Null deviance: 44.158   on 19   degrees of freedom
   Residual deviance: 42.027   on 18   degrees of freedom
   AIC: 137.16
   Number of Fisher Scoring iterations: 5
   > dp<-sum(residuals(model31,type="pearson")^2)/model31$df.
   res
   > print(dp)
   [1] 0.4194824
```

残差分析の結果から、rDDに対して、BNDとELは両方、有意な正の回帰係数を持つと、5%水準で言えます。従属変数のrDDは51-DD（DDは実際の生存日数）なので、「rDDが大きいほど『早く死んだ』」という意味になるため、rDDに対する、BND、ELの正の回帰係数は、「1日当たりの闘争回数が多くなるほど、大きさが小さいほど『早く死んだ』」という結論になります。この結論は回帰係数の符号の向きだけから言えることなので、変数変換による係数の大きさの変化とは無関係に言えることです。

6-10. 営業マンA、Bのどちらが、景気に影響されずに会社の売り上げに貢献しているのか？

もう1つの約束も果たしましょう。第4章で扱った、A、B2人の営業マンの月別売り上げと、月別の経済指標のデータをもう一度使って、会社の売り上げには何が効いているのかを分析してみましょう。

下記のコマンドで、ファイル4-1.会社売り上げ.csvを開き、データを格納します。

```
> data<-read.csv(file.choose(), fileEncoding="CP932")
> TS<-(data$Sales)
> EI<-(data$EI)
> SA<-(data$SalesA)
> SB<-(data$SalesB)
```

データがちゃんと入っているかどうかをprint（）で確認してから、次の
コマンドで相関行列（全ての変数の組み合わせについてPearsonの積率相関
を記した表）を計算しておきましょう。複数の独立変数を用いた回帰では、
独立変数間の相関が問題になるからです。

```
> round(cor(data),3)
```

	Sales	EI	SalesA	SalesB
Sales	1.000	0.823*	0.459	0.605*
EI	0.823	1.000	0.369	0.506
SalesA	0.459	0.369	1.000	-0.430
SalesB	0.605	0.506	-0.430	1.000

*は有意であることを示す。

　このように、一瞬で相関行列表を出してくれます（元データにはMonth
が入っているのでそれを含んだ行列が出ますが、必要ないので除去してあり
ます）。ただ、相関係数の有意性は検定してくれないので、cor.test（）を用
いて、全ての組み合わせを検定し、有意になった結果（p < 0.05）を*で表
示しています。

　さて、従属変数に取るのは会社の月別総売り上げなのでTS（上表中の
Sales）です。TSに対して、EI、SA、SBのどれが本当に影響しているかが
知りたいことです。GLMを使うことを考えて、hist（TS）で分布を見ます。

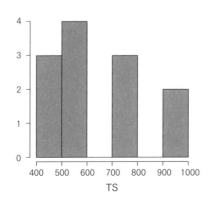

```
> shapiro.test(TS) ⏎

        Shapiro-Wilk normality test
data:  TS
W = 0.92807, p-value = 0.3601
```

Shapiro-Wilk検定で有意差はないので、正規分布と見なせますから、GLMの分布はgaussian（identity）です。取りあえず、全ての独立変数を使った、交互作用込みのGLM分析をやってみます。

```
> model32<-glm(TS~EI*SA*SB,family=gaussian(identity)) ⏎
> summary(model32) ⏎
Call:
glm(formula=TS~EI*SA*SB,family=gaussian(identity))
Deviance Residuals:
    1         2         3         4         5         6         7         8         9        10        11        12
7.958e-13 3.411e-13 3.411e-13 1.705e-13 3.411e-13 2.842e-13 2.842e-13 2.274e-13 2.274e-13 2.274e-13 1.137e-13 -1.137e-13

Coefficients:
              Estimate   Std. Error   t value      Pr(>|t|)
(Intercept)   2.558e-12  6.152e-1     4.160e-01    0.699
EI           -4.483e-12  9.064e-12   -4.950e-01    0.647
SA            1.000e+00  1.755e-14    5.698e+13    <2e-16 ***
SB            1.000e+00  1.825e-14    5.480e+13    <2e-16 ***
EI:SA          .594e-14  2.612e-14    6.100e-01    0.575
EI:SB         1.338e-14  2.663e-14    5.020e-01    0.642
SA:SB         3.727e-17  5.036e-17    7.400e-01    0.500
EI:SA:SB     -5.528e-17  7.411e-17   -7.460e-01    0.497
---
Signif. codes:  0 '***' 0.001 '**' 0.01 '*' 0.05 '.' 0.1 ' ' 1
(Dispersion parameter for gaussian family taken to be
3.384655e-25)
    Null deviance: 4.3309e+05  on 11  degrees of freedom
```

```
Residual deviance: 1.3539e-24  on  4  degrees of freedom
AIC: -637.27
Number of Fisher Scoring iterations: 1
```

　SA、SBのみが高度に有意になりますが、TS＝SA＋SBなので、これは
当たり前です。この分析ではEIの影響は分かりません。この例ではTSには
クラスからの繰り返し計測の構造はないので、残差分析をします。まずは
TS~SA*SBの交互作用を含んだGLMからのTSの残差を取り、rTSとします。

```
> model33<-glm(TS~SA*SB,family=gaussian(identity))
> summary(model33)
Call:
glm(formula = TS ~ SA * SB)
Deviance Residuals:
      Min          1Q       Median          3Q          Max
0.000e+00   9.948e-14   2.274e-13   3.695e-13   6.821e-13
Coefficients:
              Estimate  Std. Error  t value  Pr(>|t|)
(Intercept)  1.313e-13   7.277e-13  1.800e-01    0.861
SA           1.000e+00   1.750e-15  5.716e+14   <2e-16 ***
SB           1.000e+00   1.596e-15  6.266e+14   <2e-16 ***
SA:SB       -1.821e-18   4.323e-18 -4.210e-01    0.685
---
Signif. codes:  0 '***' 0.001 '**' 0.01 '*' 0.05 '.' 0.1 ' ' 1
(Dispersion parameter for gaussian family taken to be
1.559042e-25)
    Null deviance: 4.3309e+05  on 11  degrees of freedom
Residual deviance: 1.2472e-24  on  8  degrees of freedom
AIC: -646.26
Number of Fisher Scoring iterations: 1
```

POINT
ココに
入力

```
> rTS<-residuals(model37)
> hist(rTS)
> shapiro.test(rTS)
```

```
    Shapiro-Wilk normality test
data:  rTS
W = 0.93194, p-value = 0.4011
```

rTSの分布は正規分布から有意にずれていないので、

```
> model34<-glm(rTS~EI,family=gaussian(identity))
> summary(model34)
```

```
Call:
glm(formula = rTS ~ EI, family = gaussian(identity))
```

```
Deviance Residuals:
      Min         1Q       Median        3Q          Max
   -2.153e-13   -6.377e-14   3.421e-14   6.741e-14
1.892e-13
Coefficients:
              Estimate  Std. Error  t value  Pr(>|t|)
(Intercept)  -2.012e-13   1.260e-13   -1.597   0.14139
EI            6.941e-13   1.817e-13    3.821   0.00337 **
---
Signif. codes:  0 '***' 0.001 '**' 0.01 '*' 0.05 '.' 0.1 ' ' 1
(Dispersion parameter for gaussian family taken to be
1.878433e-26)
    Null deviance: 4.6206e-25  on 11  degrees of freedom
Residual deviance: 1.8784e-25  on 10  degrees of freedom
AIC: -672.97
```

```
Number of Fisher Scoring iterations: 1
```

となり、EIは r TS に有意な正の影響があることが分かります。

次に、EIの影響を考慮したとき、営業マンAと営業マンBのどちらが会社の売り上げに貢献していると言えるのか調べてみましょう。従属変数はTSですが、hist（TS）は、

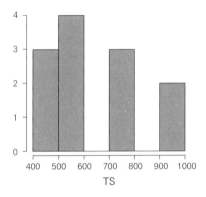

となり、shapiro.test（TS）のp = 0.3601なので、TS は有意に正規分布からずれていません。念のため、自然対数変換したTS（lTS）の頻度分布も見てみます。

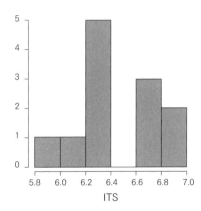

これにshapiro.test（）をかけたときはp = 0.7147となり、こちらの方が正規分布からのずれが小さいので、lTSをTSの指標として使います。GLMで

やるなら分布はgaussian（identity）ですが、これはlm（）と同じになるので、lm（TS~EI）で実行します。

```
> lTS<-log(TS)
> model35<-lm(lTS~EI)
> summary(model35)
Call:
lm(formula = lTS ~ EI)
Residuals:
    Min      1Q  Median      3Q     Max
-0.3181 -0.1104  0.0147  0.1081  0.2301
Coefficients:
            Estimate  Std. Error  t value  Pr(>|t|)
(Intercept)   5.7283      0.1582   36.210  6.13e-12 ***
EI            1.0964      0.2281    4.806  0.000718 ***
---
Signif. codes:  0 '***' 0.001 '**' 0.01 '*' 0.05 '.' 0.1 ' ' 1
Residual standard error: 0.1721 on 10 degrees of freedom
Multiple R-squared: 0.6978,    Adjusted R-squared:
0.6676
F-statistic: 23.09 on 1 and 10 DF,  p-value: 0.0007175
> AIC(m1)
[1] -4.363282
```

　このようになり、EIは有意になります。よって、EIの影響を除去しないと営業マン2人の売り上げのどちらが会社の売り上げにより貢献しているかの判断はできません。まず、lTSのmodel35からの残差（rlTS）を取ります。ついでに、rlTSの正規性からのずれも検定しておきます。

```
> rlTS<-residuals(model35)
> hist(rlTS)
```

```
> shapiro.test(rlTS)
```

```
        Shapiro-Wilk normality test
data:   rlTS
W = 0.96731, p-value = 0.8806
```

rlTSは正規分布から有意にずれていないため、GLMの分布がgaussian（identity）になるので、lm（rlTS~SA + SB）を実行します。

```
> model36<-lm(rlTS~SA+SB)
> summary(model36)
Call:
lm(formula = rlTS ~ SA + SB)
Residuals:
     Min       1Q   Median       3Q      Max
-0.29589 -0.06067 -0.01893  0.06852  0.26020
Coefficients:
             Estimate  Std. Error  t value  Pr(>|t|)
(Intercept) -0.2957517  0.1600257   -1.848    0.0976 .
SA           0.0004254  0.0002883    1.476    0.1741
SB           0.0004774  0.0002584    1.848    0.0977 .
---
Signif. codes:  0 '***' 0.001 '**' 0.01 '*' 0.05 '.' 0.1 ' ' 1
Residual standard error: 0.151 on 9 degrees of freedom
Multiple R-squared:  0.3069,    Adjusted R-squared:
0.1529
F-statistic: 1.993 on 2 and 9 DF,  p-value: 0.1921
> AIC(model36)
[1] -6.762878
```

正の回帰係数は維持され、SAのrlTSへの回帰係数は全く有意ではありませんが、SBのそれはp = 0.098で、もう一息で有意です。

また、SA:SBの交互作用項を含むモデルのAIC＝-5.00＞-6.76なので、交互作用無しのこのモデルを採用します。有意にはなりませんが、EIをコントロールしたときの営業マンBの売り上げのrlTSへの回帰係数のp値は0.098で、有意まであと一歩です。よって、この2人の成績にどうしても優劣を付けなければならないとしたら、Bをより高く評価すべきでしょう。

　ちなみに2人の売り上げのrlTSに対する相対的な貢献度を比べたければ、SA、SBを標準化して（sSA, sSBとする）lm（rlTS~sSA＋sSB）でやればよく、そうした場合のそれぞれの回帰係数の値はA（7.443）、B（9.320）になるので、Bの売り上げへの貢献度はAに比べて9.32/7.443＝1.25倍と推定できます。これをどう人事評価（例えばボーナスの額）に反映させるかはまた別の問題ですが、本人たちから見れば、このような客観的根拠を示された上での評価と、ただ上司が自分の直感で決めた評価のどちらを受け入れやすいと思いますか？

　余談ですが、私が「働かないハタラキアリ」の研究をしているせいか、先日あるTV局から、「最近、企業で問題になっている『働かないおじさん』問題についてコメントしてもらえないか」という依頼があり、「働かないアリはいざというときのために待機している役に立つ存在だが、『働かないおじさん』は企業業績の害にしかならないだろう。しかし、人間の場合、働きたくなくなるのは『自分は不遇だ』と思い、『やりがい』を感じなくなるからで、社員をそういう気分にさせてしまう組織運営がまずは問題視されるべき」とコメントしたところ、取材記者はしきりに納得していました。また、だいぶ前、大企業の副社長や重役ばかりが出席している席で講演を依頼されたことがあり、その席で「皆さん、若いとき『いやな上司』のために一生懸命働こうと思いましたか？」と聞いたところ、誰でも知っているような超有名企業のお偉いさん達は口々に「いやぁ、足引っ張ってやろうかと思ったよ」などと言っていました。おそらく、感情の動物である人間の企業運営には、できるだけ各社員のやる気をそがないような運営法がまだまだあり、上記のように、人のやる気を決める最大の要因の1つである「人事評価」にも、統計分析は「客観的な根拠のある評価」を下すための道具になります。

　また、上記の例ではSBのp値＞0.05で科学的には「有意」とは言えませ

んが、元々、頻度主義統計における p ＜ 0.05 という有意性の境界（＝有意水準）は任意に決められており、「科学の世界ではこうしておこう」という"合意"に過ぎません。時と場合によっては、有意水準を変えた方がいい場合もあるでしょう。例えば、原発など何かあったら非常に大きな損害をもたらす危険性がある物の安全強度などを検定するときは、有意水準を0.05から0.01や0.001にした方が、事故が起こる確率はさらに下がります。

　実際にあった話ですが、昔、超一流の科学誌 "Nature" に載った論文で、「ヒトの女性は妊娠可能な時期には免疫力の高い筋肉質の男性を好むが、受胎が不可能な時期には子供の面倒をよく見る優男を好む（どちらの性質も遺伝形質として決まっているらしい）」というものがあり、そこでは有意水準を p ＝ 0.1 にして、科学の合意としては有意ではないものを有意だとしていました。センセーショナルな内容なのでレフェリーも認めたのだと思いますが、センセーショナルでありながら「ねつ造」の可能性が極めて高い小保方論文を載せた "Nature" らしい話です。私自身は、人間に関する研究では、むしろ有意水準を通常より小さく取るべきではないかと思います。なぜなら、ナチスドイツがやったように「ゲルマン民族が優秀なのはこのような科学的根拠に基づく事実だから、優秀な民族を優遇することが合理的だ」と差別的な主張ができるからです。もっとも、人間の倫理と科学的事実は何の関係もなく、さらに、ナチスドイツが出した論文のほとんどはデータをねつ造したインチキ論文だったということが今では分かっていますが。

　上の "Nature" 論文も、女性蔑視主義者には自己の思想を正当化する格好の裏付けとして使われるかもしれません。また生態学の世界で最近、「Sexual harrasment~」というタイトルを使ったところ、SNSで、世界中で大炎上し、結局改題することになった、という例がありました。科学の世界の話としては正しくとも、一般社会では受け入れられないこともあるわけで、科学者も一般社会の社会的常識はわきまえておかないと、時に面倒なことになるというわけです。

　余談はさておき。回帰分析を正しく使うと、複数の独立変数が絡む事象に、本当に効いている変数は何かを細かく分析できます。第3章で、重回帰すれば？　と書いたようないくつかの例は、ここで紹介した方法を使うと、言いたいことが言えるかもしれません。時間があれば練習としてやって見てくだ

さい。またGLMMや残差分析は、例に出したように、会社業務などでも使える方法ですから、使い道はたくさんあると思いますよ。

6-11. 多変量解析と成長則分析 (アロメトリー)

　最後に、たくさんの変数を使って様々なことを分析する「多変量解析」といわれる一群の手法から1つだけ紹介します。他にどんなことができるかは、様々な教科書やネット情報がありますから、それを参考にしてください。ほとんどの手法がRで実行できます。

　たくさんの変数から、大きさや量などの指標を最もよく表す変数はどれかを選び、体サイズなどの増加に対して、どの形質が最も大きくなり、どの形質は比較的大きくならないのか、という分析をやってみます。純粋に学問的な課題しか使えないように思えますが、企業業務でも、各商品の売り上げが、宣伝費、営業費などのどの運営費により敏感に反応するか、などの経営戦略を決めるための分析に応用できるので、そういう例も簡単に説明します。

　クワガタムシを知らない人はいないでしょうが、オスの大顎が極端に長くなっており、それを用いてオス同士が激しく闘うので、男子には特に人気が高い昆虫です。日本に普通にいるクワガタであるノコギリクワガタのオスには、体が小さく大顎が直線的な小型オスと、体が大きく大顎が大きく曲がっている大型オスがいます。ファイル6-3. クワガタサイズlog.csvには、北海道のある場所で採集した、ノコギリクワガタの大型オス50匹分の、頭幅、大顎長、触角長、眼径、前胸前幅、前胸後幅、前胸長、前脚長、中脚長、後脚長、腹部重量の生データを、自然対数変換したデータが入っています。

　まず、この中から体サイズの指標になる形質がどれなのかを選ばなければなりません。ご存じのように、クワガタのオスの大きさには相当の変異があるので、特定の形質同士のサイズの関係を見るのに生データを使うと、大きい個体の触角は当然小さい個体のそれより長くなるので、この方法では正確な関係が分かりません。そこで、全てのデータを対数変換した上で『主成分分析』という手法を使って、体サイズの指標となる一番良い形質を決め、そ

れに対する残り形質ごとに回帰を取り、その回帰係数の差から、体サイズの増大に対する成長規則の違いを検出します。生物学では、これを「アロメトリー（相対成長）」と呼び、個体によるサイズ差が大きい生き物ではよく使われる分析法です。

　体サイズの指標にする形質に関しては、ほとんどの論文が適当に選んだ形質（例えば甲虫では、さや羽の長さ）を使うことが多いのですが、ファイル6-3. ノコギリ大型サイズデータ.csvのようにたくさんの形質を測ったデータの場合、統計的にどの形質がサイズの指標として最適かを決めることができますから、その方法を使います。まず、全部のデータを使って主成分分析（Principal Component Analysis）という分析を行います。これは、図6-8のように、複数の変数間の散布図（この例ではx1、x2の2変数）で、2変数のバラツキを最もよく説明する第1軸（Princpal Component 1; PC1）、それと直交する第2軸（Principal Component 2; PC2）の式をデータから導く手法です。PCは使った変数の数だけ得られ、3変数以上の場合は超空間上の『面』になるので図示できません。

【図6-8：2変数による主成分分析とPC1、PC2の意味】

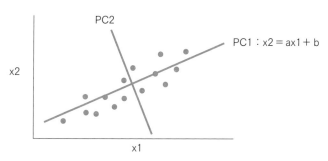

2変数なら、x2のx1に対する直線回帰式を取るとそれがPC1になる。
PC1はデータ点のバラツキを最もよく説明する変数になり、それに直交する線がPC2になる。
もっと多い変数だと、PCは変数の数だけ計算でき、超空間上の超平面になる

　では、ファイル6-3. ノコギリ大型サイズデータ.csvのデータを使って、アロメトリー分析をやってみましょう。まずはデータからPC1を計算させます。Rは日本語の変数名でも大丈夫なので、変数名は全て日本語でやります。ファイル6-3. クワガタサイズlog.csvからデータを読み込み、下記のコマン

ドでPCAを実行します。

```
> trait <-read.csv(file.choose(),fileEncoding="CP932")
> result <- prcomp(trait, scale=T)
> summary(result)
Importance of components:
                          PC1     PC2     PC3     PC4     PC5     PC6     PC7     PC8     PC9    PC10    PC11
Standard deviation     3.0942 0.62614 0.47540 0.43906 0.39752 0.39166 0.34642 0.28981 0.26863  0.1366 0.09417
Proportion of Variance 0.8704 0.03564 0.02055 0.01752 0.01437 0.01395 0.01091 0.00764 0.00656  0.0017 0.00081
Cumulative Proportion  0.8704 0.90601 0.92656 0.94408 0.95845 0.97239 0.98330 0.99094 0.99750  0.9992 1.00000

> round(result$rotation, 5)
```

　下記の表が出力されます。PC1の縦列の数字が各形質にかかる係数で、これを全ての形質について足し合わせたものがPC1です。つまり、このデータでは、PC1 = 0.31634 × 頭幅 + 0.29182 × 大顎長 + 0.3033 × 触角長… + 0.288 × 腹重になります。

	PC1	PC2	PC3	PC4	PC5	PC6	PC7	PC8	PC9	PC10	PC11
頭幅	0.31634	-0.15720	0.05526	0.19602	-0.06361	0.00114	-0.21452	0.06932	0.23944	0.84759	0.05584
大顎	0.29182	-0.48560	0.00870	0.57122	-0.16408	0.16650	0.12652	-0.12008	-0.48783	-0.16043	-0.06231
触角	0.30331	-0.01459	-0.28766	-0.25408	0.30237	-0.36434	-0.55083	0.05310	-0.47870	-0.02238	-0.02045
眼径	0.28432	-0.56566	0.03400	-0.66032	-0.00352	0.10860	0.24289	-0.27010	0.13412	-0.01476	-0.00760
胸前幅	0.31667	-0.07933	0.12203	0.09086	-0.11707	0.03043	-0.30173	0.21035	0.34565	-0.40543	0.66069
胸後幅	0.31737	-0.01510	0.19257	0.07254	-0.03584	-0.03897	-0.21205	0.22553	0.36800	-0.28071	-0.73746
前胸	0.30008	0.11796	-0.16826	0.26513	0.75551	-0.05060	0.34269	-0.19895	0.24626	-0.05414	0.05894
前脚	0.30450	0.15473	-0.34818	-0.14960	-0.12849	0.13626	0.44099	0.69771	-0.14136	0.05596	0.01602
中脚	0.29834	0.24963	0.10247	0.02682	-0.40632	-0.71031	0.31170	-0.26190	0.00044	-0.01020	0.04433
後脚	0.29285	0.41909	-0.42526	-0.03662	-0.29286	0.46814	-0.17001	-0.46345	0.05487	-0.03466	-0.05998
腹重	0.28880	0.37009	0.72118	-0.16265	0.15628	0.28367	0.03975	-0.01139	-0.34498	0.06770	0.05361

　さて次に、データを用いてPC1値を計算します。

> 　PC1<-0.31634* 頭幅 +0.29182* 大顎 *0.30331* 触角 +0.28432*
眼径 +0.31667* 胸前幅 +0.31667* 胸後幅 +0.30008* 前胸 +0.30450*
前脚 +0.29834* 中脚 +0.29285* 後脚 +0.2888* 腹重 ☜

POINT ココに入力

　大きさや量で主成分分析を行うと、PC1 は、そのデータを取ったもの（ここではノコギリクワガタの大型オス）の、「大きさ」や「量」を一番よく表す指標になります。その証拠に PC1 の各係数は全てプラスでしょう？　しかし、他の変数は全部 PC1 を計算するのに使われていますから、PC1 自身を他の変数に対するサイズの指標として使うことは二重使用になり、統計的に許されません。

　そこで、どの変数が最も PC1 の変化と近い変化を示すか（isometric と言います）を調べ、その変数をサイズや量の指標にして、他の変数をそれに対して回帰し、サイズに対する成長の程度を比較するのです。ファイル6-4.クワガタサイズ log ＋ PC1.csv の最後の列には PC1 値が入っているので、このファイルを用いて全ての変数と PC1 の相関係数を計算します。連続変数ですから Pearson の積率相関係数でいいでしょう。ファイル6-4.クワガタサイズ log ＋ PC1.csv を data に読み込み、相関行列を round（cor（trait）,3）で出力させ、計算された PC1 vs 各変数の相関係数を表6-1に示します。

【表 6-1：PC1 との各変数の相関係数】

	頭幅	大顎	触角	眼径	胸前幅	胸後幅	前胸	前脚	中脚	後脚	腹重
PC1	0.977	0.897	0.933	0.880	0.980	0.984	0.921	0.934	0.918	0.898	0.916

　最も高い相関を示すのは胸後幅（前胸の後縁の幅）の r ＝ 0.984 ですから、これを体サイズの指標として使用します。相関係数が高いほど、ある関係の回りでのデータの散らばりが小さいということを思い出してください。つまり、体サイズと最もアイソメトリックな形質は胸後幅なので、これをサイズの指標に使うのが最も良い、ということになります。万が一、体サイズとの関係を一番調べたい形質（クワガタなら大顎長？）が選ばれてしまったら、2番目に相関が高い形質を使えば良いでしょう。

あとは、他の変数の胸後幅に対する直線回帰を取って、その傾きを比べれば、どの形質が体サイズに対してどのような変化をしているかが分かります。直線回帰係数はもう自分でRを使って計算できるでしょうから、結果だけを表6-2に示します。

【表 6-2：各変数から胸後幅への直線回帰の傾き（値 x e^{-02}）】

	1	2	3	4	5	6	7	8	9	10
	頭幅	大顎	触角	眼径	胸前幅	前胸	前脚	中脚	後脚	腹重
胸後幅	1.261	0.884	1.051	1.035	1.154	0.577	0.774	0.639	0.616	2.811

注：全て p < 0.0001

　この回帰はlog変換したデータに対して取ったものですから、この傾きが大きいほど、体サイズが大きくなると、形質が指数的に大きくなります。一番高いのは腹重ですね。つまり、体サイズが大きくなる割合より高い割合でお腹は最も強く指数増加的に重くなるということです。これは、腹重は体積で決まるから当たり前かもしれません。一番低いのは前胸長で、前胸の長さは体が大きくなってもあまり大きくならないということです。

　しかし、さらに分析を進めると、いろいろなことが見えてきます。全ての形質について、得られた回帰式からの残差をresiduals（）関数で取り、残差間の相関を見てみます。残差はr頭幅のように表します。相関行列にすると非常に大きくなるので、有意差のあった組み合わせのみ表示します。

r 頭幅 vs.r 大顎	r=0.607, p=2.973e^{-06}
r 頭幅 vs.r 眼径	r=0.306, p=0.031
r 頭幅 vs.r 胸前幅	r=0.433, p=0.002
r 大顎 vs.r 眼径	r=0.339, p=0.016
r 大顎 vs.r 胸前幅	r=0.353, p=0.019
r 触角 vs.r 前胸	r=0.326, p=0.021
r 触角 vs.r 前脚	r=0.316, p=0.025
r 触角 vs.r 後脚	r=0.280, p=0.049

r 前胸 vs.r 前脚	r=0.336, p=0.017
r 前胸 vs.r 後脚	r=0.280, p=0.049
r 前脚 vs.r 中脚	r=0.292, p=0.040
r 前脚 vs.r 後脚	r=0.513, p=0.0001

　これらの相関は、体サイズの影響を取り除いたときの、形質の体サイズへの回帰からの残差間の相関ですから、体サイズの影響を受けたものではありません。事実、全ての形質の残差の絶対値は、胸後幅と有意な相関がありませんでした（結果省略）。

　頭は大顎や触角、眼などが直接付いている部位ですから、頭幅と大顎長の残差相関があっても不思議ではありません。頭幅と前胸全部幅の残差相関もあってしかるべきです。脚同士の残差相関もそうでしょう。しかし、大顎と眼径の残差相関には注目すべきです。大顎はクワガタのオスにとって闘争のための武器形質です。しかも残差は、ある形質の体サイズへの回帰からのずれですから、大顎 - 眼径間の有意な正の残差相関は、「体サイズに対して相対的に顎が大きいほど相対的に眼も大きい」ということを意味しており、大顎を使って戦うときに、目が大きい方が有利なのかもしれません。

　専門的な話で申し訳ありませんが、クワガタやカブトムシのような、角やキバを持っている虫では、角が大きくなるとその近辺にある眼や触角が小さくなるということが知られていて、その論文はやはり超有名科学誌 "Science" に掲載されています。角を大きくするため、重要ではない眼や触角への投資を削っていると考えられています。また、東南アジアで、草の茎のてっぺんで闘うクワガタでは、眼をアクリルペイントで塗りつぶしても勝率に影響が出ないので「闘争に眼は不要」、という仮説を支持するデータだと考えられています。

　しかし、ここで行ったノコギリクワガタのアロメトリーと形質の残差相関分析は、ノコギリクワガタの大型オスでは前例とは違い、眼が闘争に重要な役割を果たしていることを示唆しています。彼らは晴れた夜にクヌギなどの表面の樹液の出た場所で闘うので、平面上での闘いになり、相手の動きを捕らえるために眼が重要なのだと考えられます。現在、私のラボでは、ノコギ

リクワガタの大型オスが闘争するとき、眼が相対的に大きい個体は勝ちやすいか、という実験をしています。結果はもうすぐ出るので乞うご期待です。このように、データに対して適切な分析をかけると、次に何を調べればよいかも分かるのです。

　アロメトリーなど、科学の役に立つだけで一般人には関係ないと思う人もいるでしょう。しかし、このクワガタのサイズデータが、会社の様々な経費と各種商品の売り上げに関するデータだとしたらどうでしょう。アロメトリーと同じやり方で、売上総額を一番よく表す経費を選び、それに対する、各種経費、各商品の売り上げの回帰を取り、それからの残差間の相関を調べてみれば、総売上をコントロールしたときに、どの経費にお金をつぎ込むとどの商品が売れる、といった関係を見いだすことが可能です。他にも、何人もいる営業マンの業績から、最も良い営業努力の指標になる指標を選び出し、それへの各営業マンの売り上げ等の、その指標に対する回帰を取ることにより、アロメトリーと全く同じ原理で、どの営業マンの営業努力が会社の総売上げに対して大きな回帰係数を持っているか（言い換えれば同じ努力量でより多くの売り上げをもたらしているか）が分かりますから、合理的な経営戦略や人事査定にも使えるでしょう。会社組織の運営にこのような分析を持ち込めば、より社員を納得させやすい人事評価が可能になります。何せ、人間は不満が重なると「働かないおじさん」になってしまいますから。

　多変量解析には、他にも判別分析など様々な物がありますし、薬Aを飲んだ人と薬Bを飲んだ人で、その後の1年間でどちらが死んでいきやすいかを検定できる生存分析など、この本が扱わなかった様々な方法があります。統計の本やネットの解説ページは世の中に山ほどありますから、この本で得た知識をベースに考えれば、その検定法が何を判定するためにあり、自分が何を知りたいのかと照らし合わせ、ググってRで実行する日本語の解説ページを見つければ、あとはもうやるだけです。

　頻度主義の統計分析とは、物事の中に隠れている関係性を、間違っている確率＜0.05の水準で「確かにそうだ」と見つけ出すための道具です。ですから、問題のあるところで統計分析が役に立たないことはありません。分析すべき問題があるということには、理系も文系も関係ありませんから、主に文系の人が関わる会社業務でも、紹介してきたように、統計分析を活用でき

る場面は多々あります。この本で紹介した方法で解析できる問題もたくさん
あります。ここまでちゃんと読んでくださった人は、文系理系問わず、Rを
用いて、そういう問題を適切に分析できるはずです。それを生かさないとい
う選択肢はないやろ、と思いますね。「使わない」ことが不可能だから、全
ての科学論文の結論は、何らかの統計分析に基づいて主張されているのです
から。

第 6 章のまとめ

データが複数のクラスから繰り返しサンプリングされている		
yes	no	
一般化線形混合モデル（GLMM）を用いた、共変量（クラス）の影響を考慮した回帰分析	多変量解析を使うべき状況？	
	yes	no
	主成分分析、判別分析、因子分析などの多変量解析	直線（平面）回帰、GLM を用いた残差分析。モデル判定指標を比較して適切なモデルを選択

あとがき

　さて、これで、普通使うような頻度主義統計による分析はほぼカバーできていると思います。あと足りないのは、多変量解析のいくつかと生存分析などの時系列データの扱いくらいです。これらも少しググれば、みんな日本語の解説ページがありますから、調べてやってみるのは難しくはありません。私もこの本を書くためにいくつかのページを覗きましたが、ああいうページを書く人は『統計玄人』なので、何のためらいもなく「〜は〜の不偏分散の推定値になる」などと、文章の意味を理解するために、使われている用語の意味をまた調べなければならない文章を平気で書きますね。コンピュータの説明書が、用語のレベルでわからないものになっているのと同じです。

　しかし、この本は「統計素人」である私が、実体験に基づいて書いていますので、それらの名（迷？）解説よりはやさしく書かれています。統計検定なんて難しくてできないと思っていた方も多いと思いますが、データから適切な検定法を選ぶことができれば、あとはデータを読み込み、「〜しろ」とコマンドを正しく書くだけです。

　序章でも述べたように、「統計学」の講義を受けてきた学生でも、手持ちのデータに適切な検定法を選ぶことができません。それさえできれば、やること自体は何も難しくないし、Rが勝手に計算してくれるのですが。研究を進める上で根本的に統計検定を必要とする理系の学生達の一助となるだけでなく、会社業務などに応用していただいて、自分の結論を「間違っている確率は5%より小さい」という確度で示し、合理的な判断を持って仕事の役に立てていただければ、これほど喜ばしいことはありません。

　この本では、統計の原理の話はあえてほとんどしませんでしたが、そちらに興味がある人は、あまたある類書やネットの解説ページを見て、さらに深く統計学的なものの考え方に触れてみてもよいでしょう。実を言うと、私もほんの数年前までは「統計はヤダ」と思っていたのですが、

統計分析をやってくれていた学生がいなくなったため、自分でやる必要に迫られやってみたところ、「こんなに簡単だったの？」と驚きました。何せ、適切な方法を選ぶだけで、計算は全部Rがやってくれるのですから。

　北海道の短い夏も終わり、学生達は皆自分のデータをたくさん抱え、まさにこれからが統計分析の出番。学位論文のためのデータ分析に悪戦苦闘しています（実を言うと何人かの学生に「早く出版してくださいよ」とせっつかれています（笑））。是非とも、自分のデータをよりよくプレゼンするために、この本を役立てていただきたいと思います。

　最後に、内容をチェックしていただき、コメントをいただいた農業・食品産業技術総合研究機構の三中信宏博士、京都大学の土畑重人博士、北海道大学の工藤達実氏と、編集の労をとっていただいたPHPエディターズ・グループの見目勝美氏に深く御礼申し上げます。もちろん、本書に関する全ての文責は私にあります。しかしこの本の利用は「完全に自由かつ無保証」です（笑）。どうぞ、そこのところをよくご理解なさった上でお使いくださいませ。

80本目の英文論文が受理された記念日に。
2019年12月20日　　　　　　　　　　　　　　　　　　　　　長谷川英祐

［著者略歴］

長谷川英祐（はせがわ・えいすけ）

進化生物学者。北海道大学大学院農学研究院准教授。動物生態学研究室所属。1961年、東京都生まれ。子どもの頃から昆虫学者を夢見る。大学時代から社会性昆虫を研究。卒業後は民間企業に5年間勤務。その後、東京都立大学大学院で生態学を学ぶ。主な研究分野は、社会性の進化や、集団を作る動物の行動など。特に、働かないハタラキアリの研究は大きく注目を集めている。趣味は、映画、クルマ、釣り、読書、マンガ。
著書に、『面白くて眠れなくなる生物学』『面白くて眠れなくなる進化論』（いずれもPHPエディターズ・グループ）、『働かないアリに意義がある』『縮む世界でどう生き延びるか?』（いずれもメディアファクトリー新書）などがある。

理系学生が最低限身につけておきたい
君にもできる！ 使える統計分析

2020年3月24日　第1版第1刷発行

著　者　長谷川英祐
発行者　清水卓智
発行所　株式会社PHPエディターズ・グループ
　　　　〒135-0061　江東区豊洲5-6-52
　　　　TEL03-6204-2931
　　　　http://www.peg.co.jp/
発売元　株式会社PHP研究所
　　　　東京本部　〒135-8137　江東区豊洲5-6-52
　　　　普及部　　TEL03-3520-9630
　　　　京都本部　〒601-8411　京都市南区西九条北ノ内町11
PHP INTERFACE　https://www.php.co.jp/
印刷所
　　　　凸版印刷株式会社
製本所

PHPエディターズ・グループの本

面白くて眠れなくなる生物学

世にもエレガントな生命のはなし。ヒトもミツバチも鬱になる、メスとオスがあるのはなぜ？　など読みだしたらとまらないエピソードが満載。

長谷川英祐 著

定価 本体一、三〇〇円
（税別）

ＰＨＰエディターズ・グループの本

面白くて眠れなくなる進化論

世界はめくるめく多様な生物であふれている——。進化論の歴史、可能性と限界、そして新たな可能性について、わかりやすく解き明かす。

長谷川英祐 著

定価 本体一、三〇〇円
（税別）

PHPエディターズ・グループの本

面白くて眠れなくなる天文学

縣秀彦 著

天文学は、最も古い学問の一つ。月や太陽など身近な天体の不思議、アストロバイオロジーによる最新の宇宙論まで魅力たっぷりに伝えます。

定価 本体一、三〇〇円（税別）